Dr. Otto Stemme

Physiologie der Magnetfeldbehandlung

Dr. Otto Stemme

Physiologie der Magnetfeldbehandlung

- Grundlagen
- Wirkungsweise
- Anwendungen

Dr. Otto Stemme Verlag
München

Die Deutsche Bibliothek – CIP-Einheitsaufnahme

Stemme, Otto:
Physiologie der Magnetfeldbehandlung: Grundlagen ;
Wirkungsweise ; Anwendungen / Otto Stemme. – München:
Stemme, 1992
ISBN 3-9803094-0-1

© 1992 Dr. Otto Stemme Verlag,
      Postfach 19 09 11, 8000 München 19

Satz und Druck: Jos. C. Huber KG, Dießen am Ammersee
Printed in Germany
ISBN 3-9803094-0-1

Meiner Frau
Rosalind Kho-Stemme
mit
herzlichem Dank
gewidmet

献 給

我

妻 子斯丹沫·高露塞琳

Inhalt

Vorwort

Dieses Buch wendet sich an den Mediziner, der in die Erweiterung therapeutischer Möglichkeiten auch physikalische Verfahren stärker einbezieht. Und es ist für alle geschrieben, die bei dem Begriff Lebensqualität in erster Linie an Gesundheit denken, denen klargeworden ist, daß dieses den meisten von uns mit auf den Weg gegebene Erbe ständig neu erworben werden muß, und die gleichzeitig zum Kreis derjenigen gehören, die sich für naturwissenschaftliche Zusammenhänge interessieren.

Im vorliegenden Buch wird eine besondere physiologische Wirksamkeit magnetischer Felder als wissenschaftliche Grundlage medizinischer Einsatzmöglichkeiten aufgezeigt. Die diagnostische und therapeutische Arbeit des Mediziners können und sollen aber die Anregungen dieses Buches, das von einem Physiker geschrieben wurde, nicht ersetzen. Dies gilt naturgemäß ganz besonders für die darin enthaltene Diskussion von Möglichkeiten zur Krebshygiene.

Die Magnetfeldbehandlung selbst gehört in die Hand des erfahrenen Mediziners. Ihm obliegt es, ihre individuelle Wirksamkeit und Verträglichkeit beim Patienten richtig einzuschätzen. Dies gilt natürlich auch für alle flankierenden Maßnahmen dieser Behandlung.

Für kritische Durchsicht des Manuskriptes und fördernde Diskussionen bin ich den Herren Dr. Friedrich Bestenreiner, Prof. Dr. Manfred Börner, Prof. Dr. Herbert L. König, Prof. Dr. Fritz Stemme, Dr. Dietmar Stemme und Dr. Reinhard Straubel sehr zu Dank verpflichtet.

München, Mai 1992   *Otto Stemme*

1. Einleitung

Wir wollen uns in diesem Buch mit medizinisch interessanten Wirkungen des magnetischen Feldes – kurz: des Magnetfeldes – beschäftigen und dabei auch, wo immer dies sinnvoll ist, flankierende Einflußmöglichkeiten mit ins Spiel bringen.

Die Wirkungen des Magnetfeldes, dies sei vorausgeschickt, haben dabei eine wichtige Besonderheit: Das Magnetfeld beeinflußt primär Eigenschaften des Blutes, und erst deren Änderungen führen medizinisch interessante Effekte herbei. Das Blut spielt also die Rolle eines Transmitters. Diese Wirkungen des Magnetfeldes erweisen sich – wie wir sehen werden – als ursächlich klar verständlich, quantitativ beherrschbar und von beachtlicher Stärke; deshalb machen wir im wesentlichen sie zum Gegenstand des vorliegenden Buches.

Ehe wir uns dem Studium dieser Zusammenhänge und ihren praktischen Konsequenzen zuwenden, sollen uns zur Vorbereitung Exkurse auf die Gebiete des Magnetismus und der Atmungsfunktion des menschlichen Blutes führen. Dabei wendet sich das Kapitel über Magnetismus vorzugsweise an den überwiegend biologisch-medizinisch orientierten Leser, während das Kapitel über die Atmungsfunktion des Blutes hauptsächlich für den mehr physikalisch-technisch ausgerichteten Leser bestimmt ist.

2. Magnetismus

2.1 Historisches, Frage nach dem Wesen des Magnetismus

Magnetische Körper, zunächst in Form von natürlichem Magnetstein (z. B. Magneteisen $FeO \cdot Fe_2O_3$ oder Magnetkies $6 FeS \cdot Fe_2S_3$), bekannt als Körper, die einander oder Eisenstückchen anziehen, haben seit jeher einen geheimnisvollen Reiz auf den Menschen ausgeübt: Werden doch hier durch den Raum hindurch Kräfte übertragen, findet eine Fernwirkung statt, ohne daß wir mit unseren Sinnesorganen eine Veränderung in der Umgebung der Körper wahrnehmen können. Und solche Körpereigenschaften können auch noch, entgegen aller Alterungs- und Abnutzungserfahrung des Menschen, »ewig« bestehen.

Bild 1. Historisches zum Magnetismus. Die Bruchstücke eines Magneteisensteines sind wiederum Magnete. Aus Gilbert: De magnete (1600).

14

Aristoteles berichtet von *Thales* (627–547), daß dieser sich eine Seele im Magnetstein vorgestellt habe, welche das Eisen anzieht; wodurch offenbar die Immaterialität der Kraft besonders deutlich zum Ausdruck gebracht werden soll.

Und natürlich haben magnetische Körper als Anzeiger der Himmelsrichtung die Menschen schon frühzeitig fasziniert. In China ist bereits vor Beginn unserer Zeitrechnung die Nordsüdausrichtung eines beweglich aufgehängten Magnetsteines bekannt gewesen, um 200 die schwimmende wie auch die auf einer Spitze oder an einem Faden schwebende, künstliche – also magnetisierte – Magnetnadel.

Die Möglichkeit selbst, Eisenstücke durch Berühren mit Magnetsteinen gleichfalls magnetisch zu machen, war auch frühzeitig in Griechenland bekannt und ist im Dialog *Ion* (533), der *Platon* zugeschrieben wird, erwähnt. *Platon* führt die Anziehung selbst auf eine »Wesensgleichheit« zurück.

Zur Begründung der Neuzeit in der Naturforschung hat *William Gilbert* (1540–1603), Leibarzt der Königin Elisabeth von England (1558–1603), mit seinem Werk »De magnete« (1600) wesentlich beigetragen. Dieses Buch hat mit den Werken *Kepler*s und *Galilei*s, die es auch verschiedentlich benutzt haben, die empirisch-induktive Methode begründet: *Gilbert* beobachtet, beschreibt und leitet daraus Zusammenhänge ab.

Er beschreibt in seinem Buch, von dem viele Nachdrucke erschienen sind, die Abtastung und Ausmessung magnetischer Körperfelder mit einer kleinen, aufgehängten Magnetnadel und erkennt den Verlauf der Kraftlinien als Bögen zwischen Polen, darüber hinaus die Erzeugung des Magnetismus in Probekörpern entlang der Kraftlinien, berührungslos über den Raum hinweg. Ebenso, daß durch diese Wirkung Eisenkörper vom Erdmagnetismus in Nordsüdrichtung magnetisiert werden, dieser Vorgang durch Erschütterungen gefördert wird und der Magnetismus durch Glühen wieder verlorengeht.

Den Erdmagnetismus führt *Gilbert* auf große Mengen natürlicher Magnetsteine und Eisenerze im Erdinnern zurück.

Welche Antwort bekommen wir nun im Rahmen der auf der

Bild 2. Historisches zum Magnetismus. Der Magnet als Kompaßnadel.
Nach einem alten Kupferstich.

empirisch-induktiven Methode beruhenden Physik der Neuzeit auf die Frage, was Magnetismus denn »wirklich« sei?

Gar keine. Denn diese Frage überschreitet den Definitionsbereich und damit die Kompetenz der Physik. Diese ist nämlich, wie schon bei *Gilbert,* eine beschreibende Wissenschaft, die lediglich versucht, möglichst in mathematischer Form und mit großer Sicherheit voraussagbar, anzugeben, was unter bestimmten Bedingungen passiert, z. B. welches Drehmoment auf eine kleine Magnetnadel in einer Spule in Abhängigkeit vom Strom wirkt.

Wenden wir uns nun, so in die Schranken der Physik verwiesen, der Beschreibung des Magnetismus zu.

2.2 Magnetfeld

2.2.1 Feldbegriff und Feldstärke

Den Begriff »Feld« verdanken wir der Anschauungskraft von *Michael Faraday* (1791—1867).

Was ist das, ein Feld, in unserem Falle ein Magnetfeld? Zur Klärung dieser Frage machen wir mit dem Aufbau von Bild 3 einen Gedankenversuch.

— Zunächst drehen wir an der Aufhängung AH so lange, bis die daran mit einem Torsionsfaden TF (z. B. aus einer Federbronzelegierung) in Verbindung mit dem Stab ST und dem Gewicht GW befestigte kleine Magnetnadel MN senkrecht zur Spulenachse SA ausgerichtet ist. Wir wählen diese Winkelstellung der Magnetnadel aus praktischen Gründen: Sie ist gut von oben zu kontrollieren.
Die Skala SK verdrehen wir jetzt so, daß der Zeiger ZG der Aufhängung auf Null steht. Damit ist unsere Versuchsanordnung bereits fertig justiert.

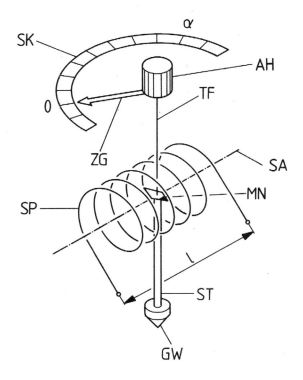

Bild 3. Gedankenversuch zur Definition der magnetischen Feldstärke H. Im Innern der vom Strom I durchflossenen, lang zu denkenden Spule SP wirkt auf die Magnetnadel MN ein Drehmoment. Es wird durch die Verdrehung des Torsionsfadens TF bestimmt. Ergebnis: Die durch das Drehmoment verkörperte Wirkung im Spulenraum ist durch das Verhältnis nI/l(n = Windungszahl der Spule) eindeutig bestimmt. Es wird als magnetische Feldstärke (kurz Magnetfeld, Feld) H bezeichnet.

– Nun lassen wir durch die Spule SP einen Strom I fließen. Die Magnetnadel versucht jetzt, sich parallel zur Spulenachse zu stellen. Entgegen dieser Tendenz drehen wir so lange an der Aufhängung, bis die Magnetnadel wieder senkrecht zur Spulenachse ist.

Dabei steht der Zeiger aber nicht mehr auf Null, sondern bei dem Winkel α. Um diesen Winkel ist der Torsionsfaden in sich verdreht – tordiert – worden.

Auf die Magnetnadel wirkt dementsprechend dem Betrage nach das Drehmoment

$$D = D_r \cdot \alpha.$$

D_r ist die Federkonstante unserer Torsionswaage, das sogenannte Richtmoment ihres Torsionsfadens. Der Winkel α wird üblicherweise in Bogenmaß eingesetzt.

– Jetzt stellen wir verschiedene Spulenlängen l her, indem wir die Spule z. B. auseinanderziehen. Dadurch dreht sich die Magnetnadel etwas. Wir erhöhen nun den Strom so lange, bis die Nadel wieder ihre Lage senkrecht zur Spulenachse erreicht hat. Die Aufhängung haben wir mit ihrem Zeiger bei α gelassen. Es wirkt also wieder unser altes Drehmoment.

In der gleichen Weise verfahren wir mit veränderten Windungszahlen n, die wir z. B. ganz einfach durch Abschneiden von Windungen realisieren.

Unser Versuchsergebnis ist sehr einfach: In all den Fällen mit verschiedenen Längen l, Windungszahlen n, Strömen I, aber gleichem Drehmoment D, ist auch die Größe

$$\frac{n \cdot I}{l}$$

gleich. Die durch das Drehmoment der Magnetnadel verkörperte Wirkung im Spulenraum ist also durch das Verhältnis $n \cdot I/l$ eindeutig bestimmt.

Statt von Wirkungen oder Drehmomenten zu sprechen, definieren wir als magnetische Feldstärke

$$H = \frac{n \cdot I}{l}$$

und benutzen als Einheit 1 Amperewindung/1 Meter, kurz A/m.

Damit ist der Betrag der Feldstärke H oder, wie wir auch kurz sagen können, des Feldes H gegeben. Die Richtung des Feldes H liegt definitionsgemäß in der Spulenachse, der Vorzugsstellung der Magnetnadel, wobei die Stromrichtung zu berücksichtigen ist. Die Bestimmung nach Betrag und Richtung macht die magnetische Feldstärke – das Feld – zu einer vektoriellen Größe.

Bislang haben wir uns mit einer – lang zu denkenden – Spule beschäftigt und dafür die Feldstärke H definiert. Wie sieht es aber bei anderen magnetischen Gebilden aus, z. B. Permanentmagneten?

An dieser Stelle angekommen, müssen wir ganz offensichtlich eine wichtige Verallgemeinerung vornehmen. Dazu eichen wir unsere Torsionswaage von Bild 3 und machen sie dadurch zum Magnetometer:

Mit Hilfe des Stromes verändern wir die Feldstärke H und finden

$$\alpha \sim H$$

d. h.

$$H = c \cdot \alpha.$$

Den zu H gehörenden Winkel α kennen wir und haben damit auch die Eichkonstante c in A/m·rad oder, was bequemer ist, in A/m pro Winkelgrad.

Mit dem so geeichten Magnetometer können wir durch Abfahren der Umgebung beliebiger Magnete mit der Magnetnadel deren Feld H bestimmen. Bei stärker gekrümmten Feldern muß lediglich die Magnetnadel angemessen klein sein. Durch diese Vorgehensweise haben wir den Fall eines beliebigen Magneten auf das homogene Magnetfeld unserer Spule zurückgeführt.

20

Um uns den Anschluß insbesondere an die etwas ältere Fachliteratur zu sichern, bleibt noch zu erwähnen, daß mitunter die magnetische Feldstärke in Oersted Oe angegeben wird; nach dem Physiker *Oersted* (1772–1851), auf den die Entdeckung der Kraftwirkungen zwischen Magnetfeld und stromdurchflossenen Drähten zurückgeht. Zur Umrechnung:

$$1 \text{ Oe} = 79,6 \ \frac{\text{A}}{\text{m}} .$$

Dieser Einheit liegt eine Definition der magnetischen Feldstärke im cgs-Maßsystem zugrunde, in dem alle Größen auf die Messung von Längen (in Zentimetern cm), Massen (in Gramm g) und Zeit (in Sekunden s) zurückgeführt werden. Im Falle der magnetischen Feldstärke ist dies eine reine Kraftmessung, wobei die Kraft in dyn = g·cm/s^2 gemessen wird. Unter 3. finden wir eine Übersicht zum Thema Maßeinheiten.

2.2.2 Feldbeispiele

Nun wollen wir uns einige Feldbeispiele ansehen, die auf viele Fälle der Praxis – oft wenigstens in grober Näherung – angewandt werden können.

Dazu messen wir zunächst – in Fortsetzung unseres Gedankenversuches – mit dem Magnetometer das Magnetfeld in der Umgebung eines stromdurchflossenen Drahtes aus. Wir gewinnen wieder ein einfaches Ergebnis:

Das Linienintegral

$$\oint \vec{H} \cdot \vec{ds}$$

(die Pfeile deuten den Vektorcharakter an) entlang einer beliebigen, den Draht umschließenden Kurve liefert immer denselben Wert, unabhängig davon, welchen Weg wir als Kurve nehmen, solange dabei nur der Draht umschlungen wird. Wir finden

$$\oint \vec{H} \cdot \vec{ds} = \oint H \cdot ds \cdot \cos \varphi = I$$

(φ = Winkel zwischen Feldlinie und Kurvenstück ds).

Das ist das sogenannte Durchflutungsgesetz und stellt eine spezielle Form der auf *James Clark Maxwell* (1831—1879) zurückgehenden ersten Hauptgleichung des elektromagnetischen Feldes dar.

Gerader Draht

Wir wenden sogleich das Durchflutungsgesetz auf einen geraden Draht an (Bild 4 a und b), wobei sich auch der Begriff des Linienintegrals erklärt. Entlang einer kreisförmigen Feldlinie mit dem Radius ϱ bekommen wir mit $\varphi = 0$, $\cos \varphi = 1$

$$\oint \vec{H} \cdot \vec{ds} = \oint H \cdot ds \cdot \cos \varphi = H \cdot 2\pi\varrho = I,$$

$$H = \frac{I}{2\pi\varrho}.$$

Wir sehen uns weitere wichtige Beispiele an.

Lange Zylinderspule

In einer langen Zylinderspule (Bild 5 a und b) wählen wir den Integrationsweg $A \rightarrow B \rightarrow C \rightarrow D$. Außen ist die Feldstärke praktisch Null; vom Integrationsweg werden $\nu \cdot a$ Windungen umschlossen (ν = Windungsdichte = n/l Windungen/m. Wir erhalten also mit $\varphi = 0$, $\cos \varphi = 1$

$$\oint \vec{H} \cdot \vec{ds} = \oint H \cdot ds \cdot \cos \varphi = H \cdot a = \nu \cdot a \cdot I,$$

$$H = \nu \cdot I = \frac{n}{l} I,$$

in Übereinstimmung mit unserem früheren Ansatz. Wie wir Bild 5 c entnehmen können, entspricht das Magnetfeld im Außenraum einer Zylinderspule dem Feld eines Stabmagneten.

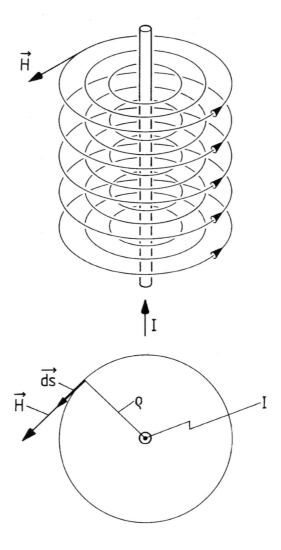

Bild 4 a. Veranschaulichung des Magnetfeldes durch Feldlinien. Das Magnetfeld eines vom Strom I durchflossenen geraden Drahtes. Bild 4 b. Zum Durchflutungsgesetz. Entlang einer Feldlinie des Drahtes ist das Linienintegral $\oint \vec{H} \cdot \vec{ds} = H\,2\pi\varrho = I$, das Feld also $H = I/2\pi\varrho$.

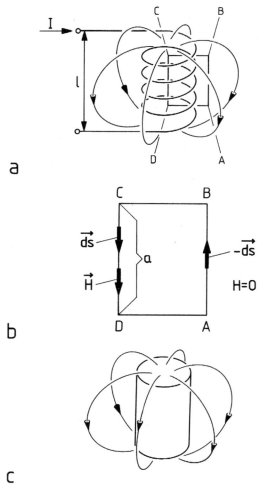

Bild 5 a. Veranschaulichung des Magnetfeldes durch Feldlinien. Das Magnetfeld einer vom Strom I durchflossenen langen Zylinderspule.
Bild 5 b. Zum Durchflutungsgesetz. Entlang des Weges A-B-C-D ist das Linienintegral $\oint \vec{H} \cdot \vec{ds} = H \cdot a = I \cdot a \cdot n/l$, das Feld also $H = nI/l$ (n = Windungszahl, l = Spulenlänge).
Bild 5 c. Das Magnetfeld einer Zylinderspule entspricht dem eines Stabmagneten.

24

Drahtring

Bild 6 a zeigt uns einen vom Strom I durchflossenen, kreisförmigen Drahtring mit seinen Feldlinien, Bild 6 b eine Aufsicht davon.

Eine etwas aufwendige Rechnung, die wir hier übergehen wollen, liefert in der Mitte des Ringes

$$H = \frac{I}{2r} \cdot$$

Beliebige kreiszylindrische Spule

Die voranstehende Beziehung für eine – als Kreisring – extrem kurze Zylinderspule und die Formel

$$H = \frac{n \cdot I}{l}$$

für die lange Zylinderspule sind Grenzfälle der Gleichung

$$H = \frac{n \cdot I}{\sqrt{4r^2 + l^2}}$$

der Feldstärke in der Mitte einer beliebigen kreiszylindrischen Spule mit n Windungen, dem Radius r und der Länge l. Davon überzeugen wir uns sofort, indem wir einmal l « r annehmen und l vernachlässigen, dann r « l und r vernachlässigen.

Elektromagnet

Ein praktisch besonders wichtiger Fall ist der Elektromagnet (Bild 7): Er liefert in seinem Nutzraum zwischen den Polschuhen PS besonders hohe Feldstärkewerte.

Natürlich kennt die Technik eine Vielzahl von Ausführungsformen. Der Prinzipaufbau von Bild 7 gibt aber als Modell eines »magnetischen Kreises« das Wesentliche wieder.

Nun zur Feldberechnung für den Nutzraum. Auch hier können wir das Durchflutungsgesetz anwenden. Als Kurve wählen wir

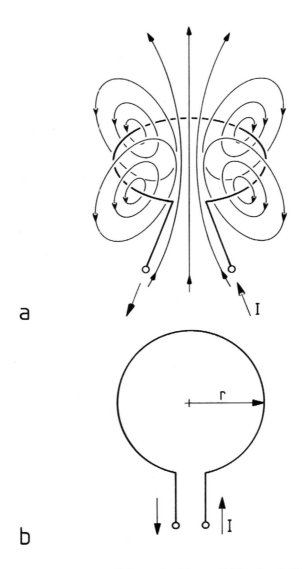

Bild 6 a. Veranschaulichung des Magnetfeldes durch Feldlinien. Das Magnetfeld eines vom Strom I durchflossenen Drahtringes. Bild 6 b. Das Feld in der Mitte des Ringes ist H = I/2r.

26

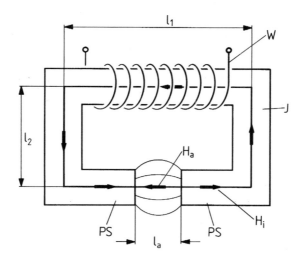

Bild 7. Elektromagnet. Das Durchflutungsgesetz liefert entlang des Weges $(2l_1+2l_2-l_a) + l_a = l_i + l_a$: $\oint \vec{H} \cdot \vec{ds} = H_i l_i + H_a l_a = nI$ (n = Windungszahl der Wicklung W, I = Strom). Für ein weichmagnetisches Eisenjoch J ist das Feld im Luftspalt $H_a \approx nI/l_a$. Ein Vergleich mit dem Feld der Zylinderspule (Bild 5) zeigt: Der magnetische Kreis aus Joch J und Luftspalt wirkt so, als wäre das Joch mitsamt seinen Polschuhen PS nicht vorhanden und sämtliche Windungen n wären um den Nutzraum (Luftspalt) der Länge l_a geschlungen.

das eingezeichnete Rechteck, das n Drähte der Wicklung W umschlingt. Der Integrationsweg in Gestalt dieses Rechteckes hat also im Nutzraum die Länge l_a, im Innern des Eisen-Joches J die Länge

$$l_i = 2(l_1+l_2) - l_a.$$

Wir bezeichnen die Feldstärke im Nutzraum mit H_a, im Joch mit H_i und bekommen das Durchflutungsgesetz als

$$\oint \vec{H} \cdot \vec{ds} = H_i \cdot l_i + H_a \cdot l_a = n \cdot I \ .$$

27

Jetzt machen wir von einer grundsätzlichen Eigenschaft des magnetischen Feldes Gebrauch. Es ist

$$H_a = \sigma \cdot \mu_r \cdot H_i \; .$$

Darin berücksichtigt der Streuungsfaktor $\sigma < 1$ das seitliche Herausquellen des Feldes aus dem Nutzraum. Er beruht im allgemeinen auf Erfahrungswerten. Der Faktor μ_r ist eine Materialkonstante und wird als relative Permeabilität bezeichnet. In guten handelsüblichen Elektromagneten hat das Joch ein μ_r von etwa 2000.

Wir entnehmen der voranstehenden Beziehung

$$H_i \;\; = \;\; \frac{H_a}{\sigma \cdot \mu_r} \; ,$$

setzen dies in das Durchflutungsgesetz ein

$$\frac{H_a}{\sigma \cdot \mu_r} \, l_i + H_a \cdot l_a = n \cdot I$$

und lösen nach H_a auf

$$H_a \;\; = \;\; \frac{n \cdot I}{\dfrac{l_i}{\sigma \cdot \mu_r} + l_a} \; .$$

Hierin stecken zwei Grenzfälle, nämlich

$$l_a << \;\; \frac{l_i}{\sigma \cdot \mu_r} \; :$$

$$H_a \approx \;\; \frac{n \cdot I}{\dfrac{l_i}{\sigma \cdot \mu_r}} = \sigma \cdot \mu_r \, \frac{n \cdot I}{l_i} \; .$$

H_a ist also $\sigma \cdot \mu_r$ mal so groß wie die Feldstärke in einer geraden, langen Spule mit n Windungen und der Länge l_i.

$$l_a >> \;\; \frac{l_i}{\sigma \cdot \mu_r} \quad (\text{aber noch } l_a << l_i):$$

$$H_a \;\; \approx \;\; \frac{n \cdot I}{l_a} \; .$$

Jetzt wirkt offenbar der Magnetkreis so, als wäre das Joch mitsamt seinen Polschuhen überhaupt nicht vorhanden und sämtliche Windungen n wären um den Nutzraum mit der Länge l_a geschlungen.

Ein Zahlenbeispiel:

Wir schreiben die voranstehende Bedingung um in

$$\frac{1}{\sigma \cdot \mu_r} << \frac{l_a}{l_i} \, .$$

Mit $\sigma = 0,5$ und $\mu_r = 2000$ ist die linke Seite 0,001 im Vergleich zu z. B. $l_a/l_i = 0,1$, wofür wir die Bedingung als hinreichend erfüllt betrachten.

Permanentmagnete

Wir schließen die Reihe unserer Feldbeispiele mit einem Blick auf den magnetischen Kreis ab, der keine Spule mehr besitzt und statt dessen Permanentmagnete enthält, wie beispielsweise in Bild 8, wo die Polschuhe Permanentmagnete PM sind.
  Da in diesem Fall kein Strom fließt, also $I = 0$ ist, lautet hier das Durchflutungsgesetz

$$\oint \vec{H} \cdot \vec{ds} = H_i \cdot l_i + H_a \cdot l_a = 0 \, .$$

Wir bekommen also für die magnetische Feldstärke im Nutzraum zwischen den Permanentmagneten

$$H_a = - H_i \, \frac{l_i}{l_a} \, .$$

Die Feldstärke H_i im Innern des Materials, also im Joch einschließlich der Magnete, hängt ihrerseits – über die sog. Entmagnetisierungskurve des Magnetmaterials – von dem Verhältnis l_i/l_a ab. H_a ist deshalb insgesamt eine werkstoffspezifische Funktion dieses Verhältnisses.

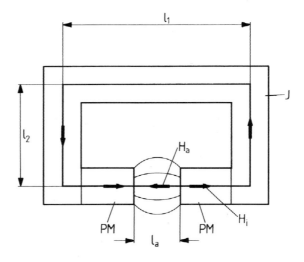

Bild 8. Magnetischer Kreis aus Permanentmagneten PM, weichmagnetischem Eisenjoch J und Nutzraum (Luftspalt) der Länge l_a. Das Durchflutungsgesetz liefert hier entlang des Weges $(2l_1 + 2l_2 - l_a) + l_a = l_i + l_a$ wegen $I = 0$: $\oint \vec{H} \cdot \vec{ds} = H_i l_i + H_a l_a = 0$. Das Feld im Nutzraum ist also $H_a = -H_i l_i / l_a$. Die Feldstärke H_i im Innern des Materials hängt über die sog. Entmagnetisierungskurve des jeweiligen Magnetmaterials der Permanentmagnete PM – also materialspezifisch – von dem Verhältnis l_i / l_a ab.

2.2.3 Induktion, Polarisation

Induktion

Wir haben bisher das magnetische Feld durch die Feldstärke H charakterisiert. Für die Beschreibung magnetischer Zusammenhänge ist darüber hinaus eine andere Feldgröße – die magnetische Induktion B, kurz Induktion B – von großer Bedeutung.

Zu ihr gelangen wir durch einen weiteren, besonders einfachen Gedankenversuch. Wir benutzen dazu den Aufbau von Bild 9. In unsere Zylinderspule haben wir nun als Meßsonde einen Drahtring gebracht. Die Feldlinien der bestromten Spule gehen senkrecht durch seine Fläche hindurch.

Nun schalten wir aber den Spulenstrom I nicht einfach ein, sondern fahren ihn gleichmäßig in der relativ kurzen Zeit Δt bis auf ΔI hoch, was uns der Bildschirm des Meßoszillographen 1 anzeigt. Dabei steigt natürlich auch in der Spule die Feldstärke gemäß der gefundenen Feldstärkebeziehung

$$H = \frac{n \cdot I}{l}$$

für die Zylinderspule von Null auf

$$\Delta H = \frac{n \cdot \Delta I}{l}$$

zeitlich linear an.

Währenddessen beobachten wir den Bildschirm des Meßoszillographen 2. Er zeigt uns an, welche elektrische Spannung U_i in der Zeit Δt im Drahtring durch den Feldanstieg entsteht – induziert wird. Wir sehen, daß die Spannung mit der Zeitachse ein Rechteck bildet, und finden für dessen Fläche

$$U_i \cdot \Delta t = \text{Konst.} \cdot A \cdot \Delta H,$$

wobei wir mit A die Fläche unseres Drahtringes bezeichnet haben.

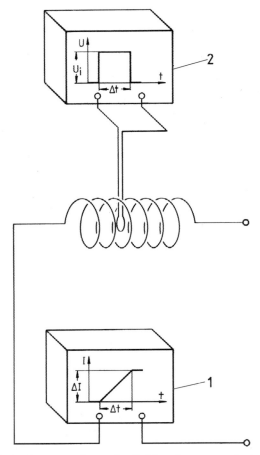

Bild 9. Gedankenversuch zur Definition der magnetischen Induktion B. Zeitliche Änderung des durch die Zylinderspule fließenden Stromes I – Anzeige über der Zeitachse t auf dem Meßoszillographen 1 – erzeugt in dem kleinen Drahtring im Innern der Zylinderspule die Spannung U_i – Anzeige über der Zeitachse t auf dem Meßoszillographen 2 –. Dem Strom I entspricht in der Zylinderspule die Feldstärke H = nI/l. Ergebnis: $U_i \Delta t = \int U_i dt = \text{const.} HA = \mu_o HA$ (A = Fläche des Drahtringes). Das Produkt $B = \mu_o H = 1/A \, U_i \, \Delta t = 1/A \int U_i dt$ (μ_o = sog. Induktionskonstante) wird als magnetische Induktion B bezeichnet.

Induktionskonstante

Die Konstante in dem gefundenen Zusammenhang wird Induktionskonstante oder Permeabilität des Vakuums genannt und mit μ_o bezeichnet. Sie wird in Voltsekunden/Amperemeter angegeben und beträgt

$$\mu_o = 1,256 \cdot 10^{-6} \text{ V·s/A·m}.$$

Der Einfachheit wegen haben wir für unseren Versuch einen zeitlich gleichmäßigen, linearen Feldanstieg gewählt. Das ist natürlich keineswegs zwingend. Für beliebigen zeitlichen Anstieg lautet dann der verallgemeinerte Zusammenhang mit Bestimmung der Fläche unter der U_i-Kurve durch Integration

$$\int U_i \cdot dt = \mu_o \cdot H \cdot A.$$

Das Produkt $\mu_o H$ führen wir nun als Induktion oder Kraftflußdichte B ein. Es ist also

$$B = \mu_o \cdot H = \frac{\int U_i \cdot dt}{A}.$$

Dementsprechend wird B in Voltsekunden/Quadratmeter angegeben. Eingeführt ist die abkürzende Einheit

$$1 \text{ V·s/m}^2 = 1 \text{ Tesla (T).}$$

Häufig erfolgen Angaben auch in Millitesla mT, also 1/1000 T. Mit

$$B = \mu_o \cdot H, \text{ d. h. } B(T) = 1,256 \cdot 10^{-6} H \text{ (A/m)}$$

können wir für den Luftraum einer Spule leicht B und H ineinander umrechnen.

Der voranstehende, verallgemeinerte Zusammenhang in seiner differentiellen Form

$$U_i = -A \frac{dB}{dt},$$

die nun auch die Vorzeichenfrage berücksichtigt, ist das bekannte Induktionsgesetz; eine Form der auf *Maxwell* zurückgehenden zweiten Hauptgleichung des elektromagnetischen Feldes.

Auch an dieser Stelle wollen wir wieder mit dem cgs-Maßsystem vergleichen. Dort ist die Induktionskonstante

$$\mu_o = 1$$

und eine reine Zahl. Die Induktion B wird in Gauss G gemessen. Nach *Carl Friedrich Gauss* (1777−1855), den meisten als Mathematiker bekannt, der auch wichtige Beiträge auf dem Gebiet des Magnetismus geleistet hat. Die Umrechnung ist besonders einfach und leicht zu merken:

$$1\,G = 10^{-4}\,V \cdot s/m^2 = 10^{-4}\,T.$$

Polarisation

Auf der Grundlage des vorangegangenen Abschnittes über die Induktion können wir jetzt rasch zu einer Festlegung für die sog. magnetische Polarisation J gelangen, die früher – das müssen wir beim Studium älterer Literatur beachten – auch als Magnetisierung bezeichnet wurde.

Wir füllen dazu in Abwandlung unseres Versuches den Innenraum unserer Spule von Bild 9 mit einem Material (Luft kann hier magnetisch als Vakuum angesehen werden und »zählt« daher nicht). Spule und Materialfüllung denken wir uns so lang, daß ein Feldeinfluß durch die an den Materialenden entstehenden Pole vernachlässigt werden kann. Nun messen wir – wiederum über die induzierte Spannung – die Induktion B. Wir stellen fest: Ihr Betrag hat zugenommen.

Die Induktion der leeren Spule nennen wir jetzt B_o. Dann ist die Polarisation definiert als

$$J = B - B_o = B - \mu_o \cdot H.$$

Sie stellt also den materialbedingten »Überschuß« der Induktion gegenüber der Induktion der leeren Spule dar. Da die so festgelegte Polarisation des Materials im Prinzip eine Induktion ist, hat sie auch deren Maßeinheit, nämlich $V \cdot s/m^2$.

Die Umrechnung von Einheiten cgsE der Polarisation im cgs-Maßsystem in V·s/m² nehmen wir mit

$$1 \text{ cgsE} = 4\pi \cdot 10^{-4} \text{ V·s/m}^2$$

vor. Und noch ein Hinweis als Hilfe beim Studium weiterführender Literatur: Obige Gleichung für J schreiben wir um in

$$B = \mu_o \cdot H + J = \mu_o(H + M).$$

Das mit dem magnetischen Zustand des Materials verknüpfte innere Feld M wird heute als seine Magnetisierung $M = J/\mu_o$ bezeichnet.

Permeabilität

Die Zunahme der Induktion durch Füllen der Spule bedeutet auch, daß nicht mehr nur $B = \mu_o \cdot H$ ist, sondern um einen materialbedingten Faktor μ_r verstärkt

$$B = \mu_r \cdot \mu_o \cdot H.$$

Dieser vom Maßsystem unabhängige »Verstärkungsfaktor« wird als relative Permeabilität bezeichnet. Wir haben ihn bereits unter 2.2.2 bei der Berechnung des Feldes eines Elektromagneten kennengelernt. Die dort angesprochene grundsätzliche Eigenschaft des magnetischen Feldes können wir jetzt auch so formulieren:

$$\mu_o \cdot H_a = \sigma \cdot \mu_r \cdot \mu_o \cdot H_i$$
$$B_a = \sigma \cdot B_i.$$

Bis auf einen Streuungsverlust – durch den Streuungsfaktor $\sigma < 1$ erfaßt – ist also die Induktion B_a im Nutzraum (Luft) gleich der Induktion B_i im Material. In dieser Eigenschaft liegt ein besonderer Vorteil der Induktion als Feldgröße bei der Berechnung magnetischer Kreise.

Mit dem Begriff der relativen Permeabilität μ_r können wir die kurz vorher angegebene Definition der Polarisation fortschreiben als

$$J = B - B_o = \mu_r \cdot \mu_o \cdot H - \mu_o \cdot H = (\mu_r - 1)\mu_o \cdot H$$
$$J = (\mu_r - 1)\, B_o.$$

Es bleibt noch zu erwähnen, daß das Produkt $\mu_r \cdot \mu_o$ auch als Permeabilität

$$\mu = \mu_r \cdot \mu_o$$

zusammengefaßt wird. Mitunter wird in der Fachliteratur allerdings auch bei der relativen Permeabilität der Index r weggelassen und diese kurz Permeabilität genannt.

Suszeptibilität

Wenn wir von gewissen Einschränkungen bei ferromagnetischen Stoffen (z. B. Eisen), die im übrigen auch für die Beziehung $B = \mu_r \cdot \mu_o \cdot H$ gelten, absehen, finden wir bei weiteren Untersuchungen mit unserem Aufbau (Bild 9) an verschiedenen Stoffen, die wir in die Spule bringen,

$$J = \chi_m \cdot B_o.$$

Dies folgt natürlich auch unmittelbar aus

$$J = (\mu_r - 1)\, B_o$$

mit

$$\chi_m = \mu_r - 1.$$

Der Proportionalitätsfaktor – die Materialkonstante χ_m – wird als magnetische Suszeptibilität (kurz: Suszeptibilität) bezeichnet. Wie wir gesehen haben, besitzen J und B dieselbe Maßeinheit ($V \cdot s/m^2$) und damit dieselbe »Dimension« (Spannung $\times$ Zeit/ Fläche); ihr Verhältnis χ_m ist daher einheiten- und dimensionslos und enthält auch die Volumeneinheit nicht, wie uns die auch anzutreffende Bezeichnung als volumenbezogene Suszeptibilität (kurz: Volumensuszeptibilität) vermuten lassen könnte. Diese Bezeichnung rührt vielmehr daher, daß die Polarisation auch als volumenbezogenes Dipolment definiert werden kann, worauf wir noch zurückkommen werden.

36

Vor allem im chemischen Schrifttum wird häufig der Begriff Massen- oder spezifische Suszeptibilität χ_g benutzt. Es ist

$$\chi_g = \frac{\chi_m}{\varrho}$$

(ϱ = Materialdichte). Dementsprechend ist die Maßeinheit von χ_g m^3/kg und die Dimension Volumen/Masse.

Das Produkt dieser Massensuszeptibilität χ_g mit dem Atom- bzw. Molekulargewicht wird Atom- bzw. Molekularsuszeptibilität genannt.

In Tabellen sind häufig χ_m und χ_g im cgs-Maßsystem angegeben. Um zu den hier definierten Suszeptibilitätswerten zu gelangen, müssen wir die cgs-Werte von χ_m mit 4π und diejenigen von χ_g mit $4\pi \cdot 10^{-3}$ multiplizieren.

Magnetisches Moment

Wir kommen nun noch einmal kurz auf unseren Versuch mit dem Aufbau von Bild 3 zurück.

Wir finden für das im Feld H auf die Magnetnadel wirkende, rückstellende Drehmoment

$$D = - J \cdot V \cdot H$$

(J = magn. Polarisation, V = Volumen der Magnetnadel).

Da die Magnetnadel mit ihrem Nord- und Südpol an den beiden Enden einen magnetischen Dipol darstellt, der hier das Drehmoment D erzeugt, wird das von den Dipolgrößen Polarisation J und Volumen V gebildete Produkt

$$m = J \cdot V$$

magnetisches Moment des Dipols oder kurz Dipolmoment genannt. Danach ist die magnetische Polarisation

$$J = \frac{m}{V}$$

gleichbedeutend mit dem Dipolmoment pro Volumeneinheit.

Da wir J in V·s/m^2 messen und V in m^3, hat das magnetische Moment bzw. Dipolmoment m = J·V die Maßeinheit V·s·m; ein in cgs-Einheiten angegebenes Dipolmoment müssen wir zur Umrechnung in V·s·m mit $4\pi \cdot 10^{-10}$ multiplizieren.

Im cgs-Maßsystem wird das Dipolmoment pro Volumeneinheit als Definition der Polarisation eines Materials benutzt und die Polarisation damit auf eine Kraft- bzw. Drehmomentmessung zurückgeführt. Eine prinzipielle Möglichkeit solcher Messungen hat unser Drehmomentversuch gezeigt. Der Zusammenhang mit der Induktion lautet bei cgs-Definition der Polarisation

$$ J = \frac{B-B_o}{4\pi} = \frac{\mu_r - 1}{4\pi}\ \mu_o \cdot H $$

$$ J = \frac{\mu_r - 1}{4\pi}\ B_o\ , $$

wobei wegen $\mu_o = 1$ im cgs-Maßsystem B_o identisch mit der Feldstärke H der leeren Spule ist. Die Umrechnung der Polarisation ist uns bereits bekannt.

Magnetisches Moment einer Spule

Durch die Bilder 5 a und 5 c haben wir uns die Äquivalenz von Spule und Stabmagnet veranschaulicht. Mit Hilfe des soeben eingeführten Begriffes »magnetisches Moment« können wir diese Äquivalenz sehr einfach ausdrücken. Es läßt sich nämlich – auf einem längeren Weg – ableiten, daß eine Spule von n Windungen einem Magneten entspricht, der

- als Körper gleich dem (inneren) Spulenraum ist (Bild 5 a, 5 c) und
- das magnetische Moment

$$ m = n \cdot \mu_o \cdot I \cdot F $$

hat (F = Spulenraum- = Magnetquerschnitt).

38

Diesen Zusammenhang können wir uns rasch plausibel machen:

Wir verwenden, wie wir gesehen haben, die Definition der Polarisation eines Materials als Überschuß

$$J = B - B_o$$

der Induktion B der gefüllten Spule gegenüber der Induktion B_o der leeren Spule.

Nun nehmen wir uns hier die Freiheit, dies umzuformulieren: B_o fassen wir als »Polarisation« J_o des Spulenraumes auf, B als Gesamtpolarisation von Material und Spulenraum, wovon die Festlegung $J = B - B_o$ als Beitrag des Materials offensichtlich völlig unberührt bleibt.

Für die Feldstärke im Spulenraum hatten wir

$$H = \frac{n \cdot I}{l},$$

so daß

$$B_o = \mu_o \cdot H = \mu_o \frac{n \cdot I}{l}$$

ist. Das zugehörige magnetische Moment des Spulenraumes bekommen wir mit dem Spulenraumvolumen $V = F \cdot l$:

$$m = J_o \cdot V = B_o \cdot V = \mu_o \frac{n \cdot I}{l} F \cdot l = n \cdot \mu_o \cdot I \cdot F.$$

Von diesem wichtigen Zusammenhang werden wir bei der atomistischen Beschreibung der magnetischen Stoffeigenschaften Gebrauch machen.

2.2.4 Energie

Wie wir noch frisch im Gedächtnis haben, besitzt die Polarisation J die Maßeinheit $T = V \cdot s/m^2$, und wir erinnern uns daran, daß wir die magnetische Feldstärke H in A/m sowie das Materialvolumen in m^3 messen. Wir bilden jetzt versuchsweise das Produkt $J \cdot H \cdot V$

und sehen nach, welche Maßeinheit und Dimension dabei herauskommt:

$$\frac{V \cdot s}{m^2} \frac{A}{m} m^3 = V \cdot A \cdot s = W \cdot s.$$

Dieses Produkt hat also die Einheit Wattsekunden. Nun sind aber Wattsekunden – oder Kilowattstunden – das, was wir dem Elektrizitätswerk bezahlen, nämlich Energie. Die Dimension des Produktes $J \cdot H \cdot V$ ist also Energie.

Da sich J im allgemeinen mit H ändert, müssen wir allerdings als Energieansatz statt einfach $J \cdot H \cdot V$ das entsprechende Integral nehmen:

Wir bringen einen kleinen Probekörper mit dem Volumen dV in das Magnetfeld H. Dadurch steigt seine Polarisation von 0 auf J an. Die Energieänderung des Probekörpers im Magnetfeld, kurz: seine magnetische Energie, ist dann

$$E = - dV \int_0^J H \cdot dJ \cdot \cos \varphi$$

und weiter mit $J = \chi_m \cdot B_o = \chi_m \cdot \mu_o \cdot H$ sowie dem Winkel zwischen Polarisations- und Feldrichtung $\varphi = 0$

$$E = - dV \int_0^J H \cdot d(\chi_m \cdot \mu_o \cdot H) = -dV \cdot \chi_m \cdot \mu_o \int_0^{H = J/\chi_m \cdot \mu_o} H \cdot dH$$

$$E = - \frac{\chi_m \cdot \mu_o}{2} H^2 \cdot dV,$$

wobei wir als Umgebung des Probekörpers Luft oder Vakuum ($\chi_m = 0$) vorausgesetzt haben.

Mit Hilfe dieser Energiebeziehung können wir, *Faraday* folgend, eine lückenlose Einteilung der Stoffe vornehmen.

Diamagnetismus

Wie wir anhand der Energiebeziehung nämlich sofort sehen, ist für Stoffe mit negativer Suszeptibilität ($\chi_m < 0$) die magnetische Energie E beim Einbringen von Probekörpern solcher Stoffe in das Magnetfeld H positiv, d. h. die Energie nimmt zu. Und zwar um so mehr, je größer die Suszeptibilität dem Betrage $|-\chi_m|$ nach ist.

Nun strebt aber die Natur im allgemeinen nach Zuständen mit möglichst niedriger Energie. Deshalb werden aus solchen – diamagnetisch genannten – Stoffen bestehende Körper bei dem Versuch, sie in ein Magnetfeld zu bringen, aus dem Feld hinausgedrängt.

Wichtige Vertreter dieser Stoffgruppe sind z. B. Wasser, Kohlenstoff, organische Verbindungen, aber auch zahlreiche Metalle, z. B. Wismut und Kupfer.

Paramagnetismus

Bei Stoffen mit positiver Suszeptibilität ($\chi_m > 0$) sieht die Sache anders aus. Ihre magnetische Energie E beim Einbringen von Probekörpern in das Magnetfeld ist negativ, d. h. die Energie nimmt im Magnetfeld ab. Sie werden deshalb energieminimierend in das Feld hineingezogen. Beispiele für paramagnetische Stoffe sind zahlreiche Metalle, z. B. Chrom und Mangan, aber beispielsweise auch Sauerstoff.

Ferromagnetismus

Die Gruppe der ferromagnetischen Stoffe – benannt nach ihrem prominentesten Vertreter, dem Eisen (ferrum) – besitzt sehr hohe positive Werte der Suszeptibilität ($\chi_m \gg 0$) und der relativen Permeabilität ($\mu_r \gg 1$). Ihre Energieabnahme im Magnetfeld ist daher sehr groß. Entsprechend stark werden sie in das Magnetfeld hineingezogen; eine Erfahrung, die wir alle von Kindesbeinen an gemacht haben.

Allgemein bekannt ist, neben Eisen, auch der Ferromagnetismus von Nickel und Kobalt.

Permanentmagnete

In unserer eben durchgeführten Energiebetrachtung sind wir von dem allgemeinen Fall der feldabhängigen Polarisation ausgegangen. Auf dieser Grundlage konnten wir die Stoffe in dia-, para- und ferromagnetisch einteilen.

Ein wichtiger Sonderfall soll nun den Energieabschnitt abschließen. Es handelt sich um die Permanentmagnete. Körper also, die auch ohne äußeres Magnetfeld magnetisiert sind. Und deren Polarisation sich praktisch nicht ändert, wenn wir sie in ein Feld bringen. Ein Beispiel lieferte uns als Probekörper die Magnetnadel, mit der wir unser Gedankenexperiment zum magnetischen Moment gemacht haben. Da jetzt Polarisation J und Feld H voneinander unabhängig sind, ist die magnetische Energie

$$E = - \, dV \int H \cdot dJ \cdot \cos \varphi$$

$$= - \, dV \cdot H \cdot J \cdot \cos \varphi = - \, dm \cdot H \cdot \cos \varphi$$

(dm = magnetisches Moment des Probekörpers).

Die Polarisation liegt nun nicht automatisch in der Feldrichtung, sondern kann mit ihr beliebige Winkel φ bilden, wie die Magnetnadel. Wie wir sehen, hat die Energie ihren niedrigsten Wert für $\varphi = 0$, d. h., $\cos \varphi = 1$. Deshalb ist dies die von der Magnetnadel bevorzugte Winkellage.

Im homogenen Feld können wir natürlich auch größere Körper nehmen und V, m statt dV, dm schreiben.

2.2.5 Kräfte

Aus dem bekannten Satz der Mechanik

$$\text{Arbeit (E)} = \text{Kraft (K)} \cdot \text{Weg (x)},$$

42

oder für den allgemeinen Fall, daß die Kraft K vom Weg x abhängt,

$$E = \int K \cdot dx$$

bekommen wir durch Differentation die gleichbedeutende Aussage

$$K = (-) \frac{dE}{dx} \; .$$

Dabei haben wir das Minuszeichen zu setzen, wenn die Arbeit (Energie) E längs des Weges x – als Weg zum angestrebten Energieminimum – abnimmt. Das ist bei einem Körper, den wir im Magnetfeld sich selbst überlassen, der Fall; vergleichbar mit einem Wagen, den wir auf abschüssiger Straße loslassen und dessen potentielle Energie dann auf dem Weg nach unten abnimmt.

Feldabhängige Polarisation

Wir können dafür sogleich unsere Energiebeziehung für H-abhängige Polarisation verwenden:

$$K = - \frac{d}{dx} \left(- \frac{\chi_m \cdot \mu_o}{2} H^2 \cdot dV \right).$$

Damit behandeln wir nun zwei Fälle:

1. Zunächst zu Bild 10. Hier ragt ein Stab in das Magnetfeld hinein. Wenn wir den Stabquerschnitt q nennen, so ist das Volumenelement $dV = q \cdot dx$. In x-Richtung wirkt dann die Kraft

$$\begin{aligned} K &= \frac{d}{dx} \left(\frac{\chi_m \cdot \mu_o}{2} H^2 \cdot q \cdot dx \right) \\ &= \frac{\chi_m \cdot \mu_o}{2} q \cdot H^2. \end{aligned}$$

Dabei haben wir vorausgesetzt, daß sich H im Innern des Feldraumes praktisch nicht ändert, das Feld dort also homogen ist.

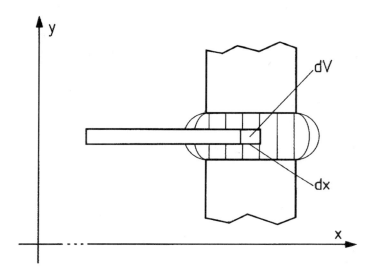

Bild 10. Kraftwirkung im homogenen Magnetfeld. Die Kraft K auf den Stab ist gleich der Energieabnahme – dE/dx bei einer kleinen Verschiebung des Stabes um das Volumenelement dV = qdx (q = Stabquerschnitt). Es ist $K = \chi_m \mu_o q H^2/2$. Ein diamagnetischer Stab mit seiner negativen Suszeptibilität $-\chi_m$ wird dementsprechend (in Richtung $-x$) aus dem Feld herausgedrängt, ein paramagnetischer oder ferromagnetischer Stab mit seiner positiven Suszeptibilität χ_m (in Richtung x) in das Feld hineingezogen.

2. Jetzt sehen wir uns einen kleinen Probekörper mit dem Volumen dV an, der sich in einem Feld befindet, das sich in x-Richtung ändert, z. B. im inhomogenen Feld am Rand eines Feldraumes zwischen zwei Polschuhen (Bild 11). Dort wirkt auf den Probekörper in x-Richtung die Kraft

$$K = \frac{\chi_m \cdot \mu_o}{2} \, dV \, \frac{d}{dx} \, H^2$$

und mit

$$\frac{d}{dx} H^2 = 2 \, H \, \frac{dH}{dx}$$

$$K = \chi_m \cdot \mu_o \cdot H \, \frac{dH}{dx} \, dV.$$

Permanentmagnete

Wir sind bisher, genauso wie bei der vorausgegangenen Energiebetrachtung, von feldabhängiger Polarisation ausgegangen. Und genauso wie die Energiebetrachtung, schließen wir nun auch die Kräftediskussion mit den Permanentmagneten ab.

Im inhomogenen Magnetfeld mit dem die Inhomogenität verkörpernden »Gradienten« $\frac{dH}{dx}$ wirkt auf einen Probekörper mit dem Volumen dV die Kraft

$$K = \frac{dE}{dx} = \frac{d}{dx} \left(dV \cdot J \cdot H \cdot \cos \varphi \right)$$

$$= dV \cdot J \cdot \cos \varphi \cdot \frac{dH}{dx}.$$

Im homogenen Feld ist $\frac{dH}{dx} = 0$, so daß hier keine Kraft auf den Probekörper wirkt.

Wie sieht es nun mit dem Drehmoment aus, dem wir bei Permanentmagneten – zunächst in Gestalt einer Magnetnadel – bereits begegnet sind? Die Antwort liefert uns wieder der Energieansatz:

Im Falle der Drehbewegung tritt an die Stelle des Wegintegrals der Kraft als Energie das Winkelintegral

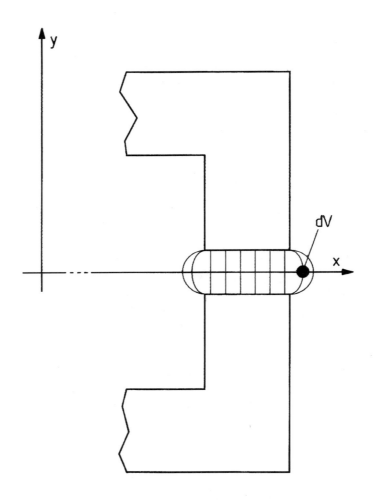

Bild 11. Kraftwirkung im inhomogenen Magnetfeld. In einem Feld mit dem die Inhomogenität charakterisierenden sog. Feldgradienten dH/dx wirkt auf einen Probekörper dV die Kraft $K = \chi_m H_o\, dV dH/dx$. Der Probekörper ist klein, so daß für ihn mit örtlich konstantem dH/dx gerechnet werden kann.

$$E = \int D \cdot d\varphi$$

des Drehmomentes, so daß wir das Drehmoment

$$D = \frac{dE}{d\varphi}$$

bekommen. Die Energie

$$E = V \cdot H \cdot J \cdot \cos \varphi$$

des Permanentmagneten liefert das uns für $\varphi = 90°$ bereits bekannte Ergebnis (ohne Vorzeichenberücksichtigung)

$$D = V \cdot H \cdot J \cdot \sin \varphi$$
$$= m \cdot H \cdot \sin \varphi.$$

2.2.6 Atomistische Beschreibung des magnetischen Verhaltens der Stoffe

Das grundlegende Verhalten von Stoffen im Magnetfeld läßt sich mit den einfachen Modellvorstellungen der Atommechanik beschreiben.

Bahnmoment

Wir alle kennen heute das *Bohr*sche Atommodell mit seinem positiv geladenen Kern, der planetenhaft von einer Anzahl negativ geladener Elektronen auf stationären Bahnen umkreist wird. Jedes dieser Elektronen stellt als kreisende Ladung einen elektrischen Ringstrom dar.

Wir bezeichnen den Radius dieses Ringstromes – also der Elektronenbahn – mit r, die Winkelgeschwindigkeit, mit der das Elektron mit der Ladung – e umläuft, mit $\omega = 2\pi f = 2\pi/\tau$ (f = Umlauffrequenz, τ = Umlaufdauer). Dann bekommen wir den Ringstrom als pro Zeiteinheit transportierte Ladungsmenge

$$I = \frac{-e}{\tau} = -\frac{e \cdot \omega}{2\pi} \, .$$

Für das magnetische Moment m einer Spule hatten wir bereits früher

$$m = n \cdot \mu_o \cdot I \cdot F$$

angegeben. Unsere aus einem kreisenden Elektron bestehende »Spule« hat nur eine Windung (n = 1) und die Fläche $F = r^2\pi$. Ihr magnetisches Moment ist also

$$m = \mu_o \cdot I \cdot r^2\pi$$

$$= - \mu_o \frac{e \cdot \omega}{2\pi} r^2\pi.$$

Aus der Mechanik wissen wir, daß der Drehimpuls einer kreisenden Masse, hier der Elektronenmasse M_e,

$$l = M_e \cdot \omega \cdot r^2$$

ist. Hieraus entnehmen wir $\omega \cdot r^2$ und setzen dies in die voranstehende m-Beziehung ein:

$$\vec{m} = - \frac{\mu_o}{2} \frac{e}{M_e} \vec{l}.$$

Darin ist e/M_e die sogenannte spezifische Elementarladung, sie beträgt $1{,}76 \cdot 10^{11}$ A·s/kg. Damit haben wir das magnetische Bahnmoment eines Elektrons, wobei wir hier durch Pfeile angedeutet haben, daß $\vec{l}$ und $\vec{m}$ gerichtete Größen sind. Der Drehimpulsvektor steht konventionsgemäß senkrecht auf der Bahn im Mittelpunkt. Wegen der negativen Ladung des Elektrons sind, wie wir sehen, $\vec{l}$ und $\vec{m}$ entgegengesetzt gerichtet.

Über den Drehimpuls macht das *Bohr*sche Atommodell eine wichtige Aussage: Er ist »gequantelt« in Einheiten von $h/2\pi$ (h = *Planck*sches Wirkungsquantum = $6{,}62 \cdot 10^{-34}$ Watt·sek²). Einsetzen dieses elementaren Drehimpulses in das Bahnmoment liefert uns das »*Bohr*sche Magneton«

$$m_B = \frac{\mu_o}{4\pi} \frac{e}{M_e} h = 1{,}15 \cdot 10^{-29} V \cdot s \cdot m$$

als elementares magnetisches Bahnmoment. Im atomaren Bereich werden magnetische Momente gern in dieser Einheit angegeben.

Spinmoment

Eine Reihe von Versuchen hat gezeigt, daß in der auf so einfachen Modellvorstellungen beruhenden Beziehung für das magnetische Bahnmoment durchaus die richtigen Einflußgrößen stehen. Aber: Rein zahlenmäßig ergeben sich doch – je nach Art des Experimentes – gewisse Abweichungen.

Ein besonders eindrucksvolles Beispiel liefert der *Einstein-de Haas*-Effekt:
An einem Faden hängt ein dünner Eisenstab und taucht in eine Spule (Bild 12). Der Stab wird mit einem Feld abwechselnder Richtung in seiner Längsachse hin und her magnetisiert. Die mit diesem periodischen Umkehren der magnetischen Momente verbundene periodische Änderung der Drehimpulse teilt sich dem Stab als »Rückstoß« mit und schaukelt ihn zu gut mit Spiegel und Lichtzeiger beobacht- und auswertbaren Drehschwingungen auf. So ergibt sich ein meßbarer Zusammenhang zwischen magnetischem Moment und Drehimpuls.

Das Ergebnis:

Ein doppelt so großes magnetisches Moment wie nach der Formel für das Bahnmoment zu erwarten.

Die experimentellen Befunde – nicht nur des *Einstein-de Haas*-Effektes – zeigen insgesamt: Das Atom muß noch etwas haben, das Träger von mechanischem Drehimpuls und Magnetismus ist.
Was kann das sein? Diese Frage beantworteten im Jahre 1925 *Goudsmit* und *Uhlenbeck* durch die zunächst kühn erscheinende, aber durch den Erfolg gerechtfertigte Modellvorstellung, daß das Elektron durch Rotation um seine eigene Achse selbst Träger von Drehimpuls und Magnetismus ist; der Eigendrehimpuls

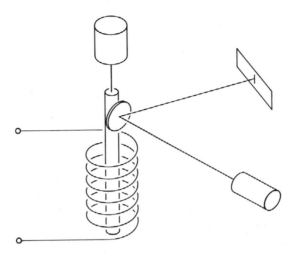

Bild 12. *Einstein-de Haas*-Effekt. Beim Ummagnetisieren eines Eisenstabes entsteht ein Drehimpuls. Er wird über die Verdrehung eines Torsionsfadens mittels Lichtzeiger gemessen. Es ergibt sich ein Zusammenhang zwischen magnetischem Moment und Drehimpuls, der zur Annahme eines Eigendrehimpulses für die Bahnelektronen des Eisenatoms führt. Dieser Eigendrehimpuls (Spin) ist Träger eines magnetischen Moments und bedingt den Ferromagnetismus des Eisens.

(Spin) des Elektrons soll dabei nur $\frac{1}{2} \frac{h}{2\pi}$ gegenüber $\frac{h}{2\pi}$ des Bahndrehimpulses betragen, aber ebenfalls ein *Bohr*sches Magneton als magnetisches Moment erzeugen.

Für das magnetische Moment des Spins, kurz Spinmoment, gilt also demnach

$$m_s = - \mu_o \frac{e}{M_e} \vec{S},$$

wobei wir jetzt den Drehimpuls als Spin mit $\vec{S}$ bezeichnet haben.

Da der *Einstein-de Haas*-Effekt genau diesen Spinzusammenhang liefert, ist der Magnetismus des Eisens reiner Spinmagnetismus.

Bahndrehimpulse und Spins aller Elektronen eines Atoms sind, wie wir uns leicht vorstellen können, kräftemäßig miteinander gekoppelt: Einerseits durch die elektrostatische Abstoßung zwischen den gleichnamig (negativ) geladenen Elektronen, andererseits über die Magnetfelder, die die Elektronen durch Bahnbewegung und Eigenrotation selbst erzeugen. Durch diese Koppelung bilden die Bahndrehimpulse und Spins als gerichtete Größen ihre Resultierenden – so viele Elektronen ein Atom auch aufweisen mag – und erzeugen dementsprechend ein resultierendes magnetisches Gesamtmoment.

Dabei kann durchaus Null herauskommen. Das ist bei den diamagnetischen Stoffen der Fall. Paramagnetismus haben wir dagegen vor uns, wenn ein resultierendes magnetisches Moment übrigbleibt, jedes Atom also ein eigenes magnetisches Moment besitzt. Dieses Moment ist bei festen Stoffen überwiegend von Spinmagnetismus bestimmt.

Diamagnetismus

Wegen des Diamagnetismus organischer Verbindungen, für uns als Blutbestandteile wichtig, kommt dieser Form des Magnetismus im Rahmen unserer Überlegungen besondere Bedeutung zu.

Wenn es richtig ist, daß sich im Falle des Diamagnetismus alle Momente in einem Atom kompensieren, woher kommt dann die

Polarisation diamagnetischer Stoffe, die sich, wie wir gesehen haben, in

$$J = - \chi_m \cdot B_o = - \chi_m \cdot \mu_o \cdot H$$

äußert? Diesen experimentell gesicherten, uns bekannten Zusammenhang können wir nur so verstehen, daß in einem von Hause aus unmagnetischen Atom vom Magnetfeld ein dem Feld entgegengerichtetes magnetisches Moment hervorgerufen wird.

Nach dem Theorem von *Larmor* erzeugt das Magnetfeld eine zusätzliche Rotation des in sich magnetisch neutralen Elektronensystems als Ganzes. Und zwar um eine gedachte Achse durch den Atomkern, parallel zum Feld.

Dieser rotierende »Elektronenzirkus« stellt wiederum einen Kreisstrom dar, der seinerseits ein magnetisches Moment erzeugt, das dem angelegten Feld H entgegengerichtet ist. Deshalb bekommen wir für die diamagnetische Suszeptibilität das negative Vorzeichen.

Ein in der Physik beliebter Demonstrationsversuch zum Kreisel betrifft das Freihändigfahren mit dem Fahrrad. Bild 13 können wir das Prinzip entnehmen. Eine dem Vorderrad entsprechende Scheibe – hierin sehen wir, wenn wir wollen, schon jetzt auch ein kreisendes Elektron E – dreht sich rasch um eine (zur Demonstration horizontale) Achse RA durch ihren Mittelpunkt. Aufhängungen und Lagerungen sind in der Prinzipdarstellung von Bild 13 der Übersichtlichkeit wegen weggelassen.

Wenn wir jetzt die Rotationsachse RA mit der Kraft G (Gewicht) belasten, wirkt auf die Rotationsachse RA ein Drehmoment, das wir D nennen wollen. Der Radfahrer erzeugt dieses Drehmoment durch Zurseiteneigen.

Die Scheibe folgt als Kreisel nun aber nicht diesem Drehmoment D durch Kippen, wie wir erwarten könnten, sondern rotiert statt dessen um die (hier vertikale) Achse PA, beim Fahrrad dreht sich das Vorderrad etwas um seine senkrecht zur Radachse verlaufende Lenkachse – es wird gelenkt. Diese Rotation wird Präzession genannt. Sie erfolgt, wie in der Mechanik gezeigt wird, mit der Winkelgeschwindigkeit

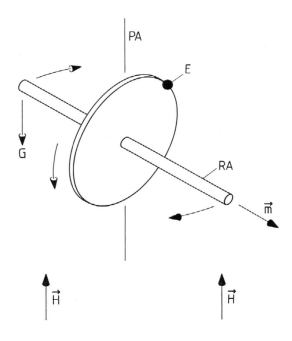

Bild 13. Kreiselversuch zur Erklärung des Diamagnetismus. Wird die Kreiselachse bzw. Rotationsachse RA des Scheibenkreisels mit der Kraft G belastet und dadurch ein Drehmoment auf die Kreiselachse ausgeübt, so rotiert (präzessiert) der Kreisel um die Präzessionsachse PA. In dem Scheibenkreisel kann ein rotierendes Bahnelektron E eines Atoms gesehen werden. Es erzeugt durch seine Bahnbewegung das magnetische Moment $\vec{m}$. Im Magnetfeld $\vec{H}$ entsteht an diesem Moment und damit an der Kreiselachse ein Drehmoment – ähnlich wie durch die Kraft G – so daß der Elektron-Kreisel um PA präzessiert.

$$\omega_p = 2\pi f_p \ \frac{D}{l}$$

(fp = Drehzahl der Präzession, l = Drehimpuls des Kreisels) und einem Drehsinn, der durch die Richtungen von Drehmoment und Drehimpuls bestimmt wird; der Drehsinn der Präzession bleibt also bei gleichzeitiger Richtungsumkehr von Drehmoment und Drehimpuls erhalten.

Der Scheibenkreisel repräsentiert, wie schon gesagt, ein auf seiner Bahn umlaufendes Elektron E: Magnetisches Moment $\vec{m}$, Dipolachse = Rotationsachse RA. Wie wir wissen, erzeugt das anliegende Feld H (Bild 13) am magnetischen Moment $\vec{m}$ das Drehmoment

$$D = m \cdot H \cdot \sin \varphi$$

(hier: $\varphi = 90°$, $\sin \varphi = 1$), so daß wir für die Präzessionsgeschwindigkeit

$$\omega_p = \frac{m \cdot H}{l}$$

bekommen. Diese Beziehung ist, wie sich zeigen läßt, unabhängig vom Winkel φ zwischen $\vec{m}$ (in der Kreiselachse RA) und Magnetfeld H; das Feld kann also einen beliebigen Winkel mit der Rotationsachse der Elektronenbahn bilden (Bild 14): Die ω_p-Beziehung gilt auch dann.

Im diamagnetischen Fall mit seiner völligen Momentkompensation, müssen wir von paarweise gegensinnig kreisenden Elektronen ausgehen. Entscheidend ist nun: Für jeden der beiden Partner eines solchen Paares ergibt sich derselbe Umlaufsinn der Präzession, denn bei beiden haben sowohl die Drehmomente als auch die Drehimpulse jeweils entgegengesetzte Richtung. Und bei gleichzeitiger Richtungsumkehr von Drehmoment und Drehimpuls bleibt, wie wir oben gesehen haben, der Drehsinn der Präzession erhalten.

Während sich die magnetischen Momente der Elektronenbahnen aufheben, findet also hinsichtlich der Präzession keineswegs Kompensation statt.

54

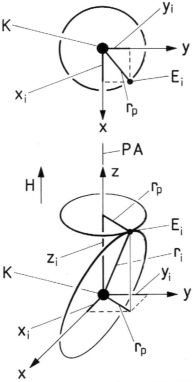

Bild 14. Zur Erklärung des Diamagnetismus. Die i Elektronen E_i eines Atoms rotieren als atomare Kreisel um den Atomkern K. Im Feld H präzessieren sie zusätzlich um die zu H parallele Präzessionsachse PA. Das mit dieser Präzessionsbewegung der Elektronen E_i verbundene magnetische Moment bedingt den Diamagnetismus. Für jedes der i Elektronen eines Atoms ist

$$x_i^2 + y_i^2 + z_i^2 = r_i^2.$$

Die Mittelwerte x_i^2, y_i^2 und z_i^2 aller Elektronen E_i sind gleich, d. h. es ist

$$\overline{x_i^2} = \overline{y_i^2} = \overline{z_i^2} = \frac{1}{3}\overline{r_i^2} .$$

Aus der Darstellung ergibt sich (Pythagoras) $\quad \overline{r_p^2} = \overline{r_i^2} - \overline{z_i^2}$

und daraus mit $\quad \overline{z_i^2} = \frac{1}{3}\overline{r_i^2} \quad \overline{r_p^2} = \overline{r_i^2} - \frac{1}{3}\overline{r_i^2} = \frac{2}{3}\overline{r_i^2}.$

55

Aus der Bahnbeziehung des magnetischen Momentes entnehmen wir nun

$$l = \frac{2}{\mu_o} \frac{M_e}{e} m$$

und bekommen durch Einsetzen in die ω_p-Beziehung

$$\omega_p = \frac{\mu_o}{2} \frac{e}{M_e} H.$$

Mit dieser Winkelgeschwindigkeit bewegt sich also jedes der n Elektronen eines Atoms auf einer zusätzlichen Kreisbahn um eine feldparallel durch den Kern K gehende Achse PA (Bild 14). Das ist die sogenannte *Larmor*-Präzession. Die zusätzliche Kreisbahn mit dem Radius r_p ist eine Projektion der *Bohr*schen Elektronenbahn mit dem Radius r_i, wie uns die Aufsicht von Bild 14 besonders deutlich zeigen soll.

Mit der *Larmor*-Präzession eines Elektrons ist, entsprechend dem aus der Mechanik bekannten Zusammenhang, der Drehimpuls

$$l = M_e \cdot \omega_p \cdot r_p^2 = \frac{\mu_o}{2} e \cdot r_p^2 \cdot H$$

verbunden. Einsetzen in die – früher abgeleitete – Beziehung für das magnetische Moment m eines kreisenden Elektrons

$$m = - \frac{\mu_o}{2} \frac{e}{M_e} l$$

liefert uns das von der *Larmor*-Präzession erzeugte magnetische Moment eines Elektrons

$$m = - \frac{\mu_o}{4} \frac{e^2}{M_e} r_p^2 \cdot H.$$

Mit dem Mittelwert $\overline{r_p^2} = \frac{2}{3} \overline{r_i^2}$ (Bild 14) bekommen wir aus den Beiträgen m aller n Elektronen für das Atom ein mittleres magnetisches Gesamtmoment von

$$m_A = - n \frac{\mu_o}{4} \frac{e^2}{M_e} r_p^2 \cdot H = -n \frac{\mu_o}{6} \frac{e^2}{M_e} \overline{r_i^2} \cdot H.$$

Das Atom- bzw. Molekulargewicht – unsere Betrachtung kann auf Moleküle ausgedehnt werden – eines Stoffes wollen wir mit A bezeichnen. Die Masse von A kg dieses Stoffes enthält dann $L = 6{,}02\cdot10^{26}$ Atome/Moleküle (L = *Loschmidt*sche Zahl, im Schrifttum auch als *Avogadro*-Konstante N_A bezeichnet). Den Dichtewert des Stoffes kennzeichnen wir mit ϱ. Die Volumeneinheit (m^3) enthält also die Masse von ϱ kg und damit $N = L\cdot\varrho/A$ Atome/Moleküle.

Als Dipolmoment pro Volumeneinheit = Polarisation

$$J = N\cdot m_A$$

bekommen wir nunmehr

$$J = \frac{L\cdot\varrho}{A}\, m_A = -\ \frac{n\cdot L\cdot\varrho}{A}\ \frac{\mu_o}{6}\ \frac{e^2}{M_e}\ \overline{r_i^2}\cdot H$$

$$= -\ \frac{1}{6}\ \frac{n\cdot L\cdot\varrho}{A}\ \frac{e^2}{M_e}\ \overline{r_i^2}\cdot B_o = \chi_m\cdot B_o,$$

d. h. für die Suszeptibilität

$$\chi_m = -\ \frac{L}{6}\ \frac{e^2}{M_e}\ \frac{n\cdot\varrho}{A}\ \overline{r_i^2}.$$

Die Temperatur steht, wie wir sehen, nicht in dieser Beziehung. Jedenfalls nicht explizit.

Bei unseren späteren Überlegungen wird die Veränderung der Suszeptibilität infolge Änderung der Elektronenanordnung durch Anlagerung bzw. Abspaltung von Atomen – insbesondere Sauerstoffatomen – bei Molekülen eine große Rolle spielen (vgl. 5.1.3, 5.5.3). Die eben gewonnene χ_m-Formel läßt uns eine deutliche Veränderung erwarten: Ganz besonders wegen des Quadratgliedes $\overline{r_i^2}$ im Einflußfaktor $\frac{n\cdot\varrho}{A}\ \overline{r_i^2}$.

Atome und Moleküle haben wir soeben als gleichrangig behandelt. Dabei sind wir von einer mit Hilfe der »Wellenmechanik« darstellbaren Verkoppelung der Elektronen von Atomen im molekularen Verbund ausgegangen.

Paramagnetismus

Diese Form des Magnetismus ist aus atomistischer Sicht dadurch charakterisiert, daß die Atome bzw. Moleküle auch ohne angelegtes Magnetfeld ein eigenes, permanentes magnetisches Moment m_p besitzen. Davon ist einem paramagnetischen Körper allerdings nichts anzumerken: Unter dem Einfluß der Wärmeenergie im Körper werden die Richtungen der Momente regellos verteilt, so daß sich die Momente aufheben und der Körper insgesamt keine Magnetisierung zeigt.

Das ändert sich, wenn wir ein Magnetfeld H anlegen. Jetzt konkurriert die magnetische Energie

$$m_p \cdot H \cdot \cos \varphi$$

der Momente mit der thermischen Energie

$$k \cdot T,$$

k = *Boltzmann*-Konstante = $1{,}38 \cdot 10^{-23}$ Wattsek./Grad, T = (absolute) Temperatur, die bei der Wärmebewegung der Atome auf deren Elektronensystem, Träger des magnetischen Momentes m_p, übertragen werden kann und die ohne Feld das besagte totale Richtungschaos anrichtet.

Dieses Wechselspiel von – in Feldrichtung stellender – magnetischer und – Abweichungen von der Feldrichtung bewirkender – thermischer Energie ist daran schuld, daß sich die Momente m_p nicht einfach alle in die Feldrichtung stellen, was die Polarisation $N \cdot m_p$ (N = Zahl der Atome/Moleküle pro Volumeneinheit) zur Folge hätte, sondern lediglich ein Bruchteil, so daß die Berechnung nur

$$J = \frac{N \cdot m_p}{3} \frac{m_p \cdot H}{k(T-\theta)} = \frac{1}{\mu_o} \frac{N \cdot m_p}{3k(T-\theta)} B_o = \chi_m \cdot B_o$$

ergibt, ein Ausdruck, der uns deutlich zeigt, daß es bei der Ausrichtung der Momente auf das Verhältnis von magnetischer zu thermischer Energie ankommt.

Wiederum (vgl. vorausgegangenen Abschnitt über Diamagnetismus) mit $N = L \cdot \varrho / A$ erhalten wir die Form

58

$$\chi_m = \frac{1}{\mu_o} \frac{L \cdot \varrho}{A} \frac{m_p^2}{3k(T-\theta)} = \frac{C}{T-\theta}$$

des *Curie-Weiss*schen Gesetzes für die paramagnetische Suszeptibilität, die danach – im Gegensatz zur diamagnetischen Suszeptibilität – explizit und stark von der Temperatur abhängt. Dabei wird die stoffspezifische Konstante θ als *Curie*-Temperatur bezeichnet. Die Beträge der paramagnetischen Suszeptibilität sind etwa zehn bis 1000mal größer als diejenigen der diamagnetischen Suszeptibilität. Im Falle von Paramagnetismus wird daher Diamagnetismus überdeckt.

Die *Curie*-Temperatur hat für ferromagnetische Stoffe – also z. B. Eisen – die Bedeutung eines kritischen Wertes: Beim Erwärmen nimmt ihre Polarisation ab, und der Ferromagnetismus verschwindet schließlich beim Erreichen von θ. Der ferromagnetische Stoff wird dann paramagnetisch, und seine Suszeptibilität folgt der voranstehenden Beziehung.

Mit Hilfe der voranstehenden Beziehung können wir durch Suszeptibilitätsmessungen – z. B. unter Ausnutzung der Kraftwirkung im inhomogenen Magnetfeld – das atomare magnetische Moment m_p bestimmen.

Ferromagnetismus

Gegenüber Dia- und Paramagnetismus sehr hohe Werte der Polarisation bekommen wir bei der ferromagnetischen Stoffgruppe, der neben Eisen, Nickel, Kobalt sowie Legierungen von und mit diesen Metallen eine Reihe ganz anderer Stoffe angehören, wie z. B. Manganlegierungen, von denen Legierungen mit Kupfer und Aluminium oder Silber und Aluminium als *Heusler*sche Legierung seit langem bekannt sind.

Was macht uns aus atomistischer Sicht die hohen Werte der Polarisation verständlich? Die Antwort auf diese Frage erreichen wir in zwei Schritten.

Zunächst gehen wir wieder von einem Versuch aus. Dazu schleifen wir einer ferromagnetischen Metallprobe eine Planfläche an und polieren sie anschließend. Dann bestäuben wir die Fläche mit einem sehr feinen Eisenpulver und legen sie unter ein starkes Mikroskop, wie es für metallografische Untersuchungen benutzt wird. Was wir jetzt zu sehen bekommen, ist ein Streifenmuster, ähnlich dem Muster von Bild 15 a.

Die Erklärung ist einfach: Vor uns haben wir Bereiche, die einheitlich magnetisiert sind (durch Pfeile verdeutlicht) und kleine Magnete darstellen, an deren Kanten sich das Eisenpulver – als Linien sichtbar – ansammelt. Das sind die sogenannten magnetischen Elementarbereiche oder *Weiss*schen Bezirke.

Ohne Magnetfeld liegen ihre Magnetisierungsrichtungen völlig durcheinander, so daß die Probe insgesamt keine Magnetisierung zeigt. Legen wir ein Feld H an, so können wir beobachten, wie die etwa in Feldrichtung magnetisierten, bevorzugten Bereiche auf Kosten ihrer Umgebung wachsen (Bild 15 b). So wird die Probe mit wachsendem Feld magnetisiert.

Nachdem nun der Magnetisierungsvorgang transparent ist, bleibt die Frage nach der Erklärung für die spontane, permanente Magnetisierung der aus atomarer Sicht sehr großen Elementarbereiche.

Eines ist klar: Die Atome müssen als Mindestvoraussetzung hierfür – und das heißt für den Ferromagnetismus – sicher ein eigenes magnetisches Moment besitzen. Und das beruht auf Spinmagnetismus, wie uns z. B. für Eisen der *Einstein-de Haas*-Versuch gezeigt hat.

Spontane Magnetisierung größerer Körperbereiche bedeutet dann, daß in diesen Bereichen die Spins der magnetische Momente erzeugenden Elektronen parallel zueinander ausgerichtet sein müssen, so daß nun ihre magnetischen Momente ebenfalls parallel zueinander ausgerichtet sind und zusammen die Magnetisierung des Bereiches ergeben.

Die Spinausrichtung läßt sich quantenmechanisch beschreiben. Danach müssen die Atome eine regelmäßige räumliche Anordnung bilden, die Bahnradien groß und die mittleren Abstände der momenterzeugenden Elektronen benachbarter Atome klein

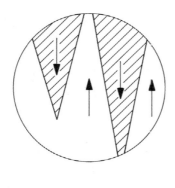

a

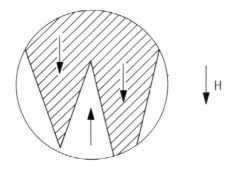

H

b

Bild 15a und Bild 15b. Zum Ferromagnetismus. Spontan magnetisierte Elementarbereiche entgegengesetzter Magnetisierungsrichtungen lassen einen ferromagnetischen Körper pauschal als unmagnetisch erscheinen. Beim Anlegen eines Magnetfeldes H wachsen die von der Feldrichtung begünstigten Bereiche auf Kosten ihrer Nachbarn: Der Körper wird »magnetisiert«.

sein. Dann ist die Bindung eines solchen Elektrons an einen Atomkern schwach genug und die Zugehörigkeit zu einem Nachbaratomkern stark genug, um einen interatomaren Austausch zu ermöglichen.

Es läßt sich zeigen, daß durch diesen ständigen Austausch »quasi-freier« Elektronen die Energie gewonnen wird, welche zur Parallelstellung der Spins aus quantenmechanischen Gründen nötig ist.

Die Erfüllung der eben genannten Bedingungen ist für die Atome der allgemein bekannten ferromagnetischen Stoffe an die regelmäßige Geometrie von Kristallen gebunden, z. B. an die kubische Kristallstruktur des Eisens. Das macht den Ferromagnetismus bei diesen Stoffen zu einer Kristalleigenschaft.

Die Erfüllung aller Bedingungen als Voraussetzung für Ferromagnetismus ist verständlicherweise nur bei relativ wenigen Stoffen gegeben. Der Ferromagnetismus ist deshalb auch eine eher seltene Stoffeigenschaft. Aber eine technisch wertvolle.

3. Maßeinheiten

Im vorangegangenen Abschnitt über den Magnetismus waren wir wiederholt mit dem Thema Maßeinheiten konfrontiert, das natürlich – auch über den Magnetismus hinaus – für uns überall dort wichtig ist, wo es um Meßwerte geht. Hier eine kurze Übersicht.

Die technischen Fortschritte des 18. Jahrhunderts, für die sicher die Entwicklung der Dampfmaschine (1705 *Thomas Newcomen,* 1769 *James Watt*) repräsentativ ist, die mit diesen Fortschritten veränderte Produktion wachsender Warenmengen, die immer weiträumiger abgesetzt werden mußten, machten gesellschaftliche Änderungen nötig, die in der Französischen Revolution ihren Ausdruck fanden. Dieser Revolution, die am 14. Juli 1789 mit der Erstürmung der Bastille begann, verdanken wir folgerichtig auch den Impuls zur Entwicklung eines Maßsystems, dessen Erbe das heutige internationale Einheitensystem ist.

Die zahlreichen, von Regenten und Landesfürsten festgesetzten Einheiten entsprachen einfach nicht mehr den neuen Erfordernissen. *Charles Maurice de Talleyrand* hatte in diesem Sinne eine Demokratisierung der Maße im Auge, als er am 8. Mai 1790 der französischen Nationalversammlung die Schaffung eines neuen Einheitensystems vorschlug, das auf objektiven physikalischen Methoden beruhen und allen Nationen zur Verfügung stehen sollte.

Der Bericht der Académie des Siences vom 17. Oktober 1790 sieht als Grundlage das Dezimalsystem vor. Am 10. Dezember 1799 wurden »mètre des archives« und »kilogramme des archives« festgelegt. Damit war das metrische System geschaffen.

Die politischen Verhältnisse in Europa führten dazu, daß erst am 20. Mai 1875 die Meterkonvention von 17 Staaten unterschrieben wurde.

Natürlich hat die technisch-wissenschaftliche Entwicklung Änderungen erforderlich gemacht, die in den Beschlüssen der internationalen Generalkonferenz für Maß und Gewicht ihren Ausdruck fanden. Und sicher ist dies ein ständiger Prozeß.

Ein solcher Beschluß traf 1960 die Festlegung über das »Internationale Einheitensystem« (le Système Internationale d'Unités). Historisch verständlich, wird, der französischen Bezeichnung folgend, international die Abkürzung »SI« benutzt.

Das SI geht von sieben Basisgrößen und sieben dazugehörigen Basiseinheiten aus:

Größe	Einheit	
Länge	Meter	m
Zeit	Sekunde	s
Masse	Kilogramm	kg
Stromstärke	Ampere	A
Temperatur	Kelvin	K
Stoffmenge	Mol	mol
Lichtstärke	Candela	cd.

In der Bundesrepublik Deutschland ist seit dem 1. Januar 1978 die Verwendung der Einheiten des Internationalen Einheitensystems (SI) für den amtlichen und geschäftlichen Verkehr vorgeschrieben.

Nachfolgend haben wir eine nützliche Zusammenstellung von Größen/Einheiten mit Rückführung auf die Basisgrößen/-einheiten nebst wichtigen Umrechnungen. Und zwar nach folgendem Schema:

Größe
SI-Einheit, Kurzzeichen und Beziehung zu den Basiseinheiten.
Nicht-SI-Einheit, Kurzzeichen und Umrechnung.
Hinweise.

64

Länge

Meter, m.
inch, in $= 2{,}54 \cdot 10^{-2}$ m.
mil $= 10^{-3}$ in $= 2{,}54 \cdot 10^{-5}$ m.
foot, ft $= 3{,}048 \cdot 10^{-1}$ m.
yard, yd $= 9{,}144 \cdot 10^{-1}$ m.
mile, mi $= 1{,}609 \cdot 10^{3}$ m.
Seemeile, sm $= 1{,}852 \cdot 10^{3}$ m.
Angström, Å $= 10^{-10}$ m.
Nanometer, nm $= 10^{-9}$ m.

Volumen

Kubikmeter, m^3.
gallon (US), gal $= 3{,}785 \cdot 10^{-3}$ m^3.

Masse

Kilogramm, kg.
grain, gr. $= 6{,}48 \cdot 10^{-5}$ kg.
ounce, oz. avdp. $= 2{,}835 \cdot 10^{-2}$ kg.
ounce, oz. ap (oder oz.t.) $= 3{,}103 \cdot 10^{-2}$ kg.
pound, lb. $= 4{,}536 \cdot 10^{-1}$ kg.
ton (US), tn $= 9{,}072 \cdot 10^{2}$ kg.

Kraft

Newton, N $= \mathrm{kg\, m\, s^{-2}}$.
Kilopond, kp $= 9{,}81$ N.
Pond, p $= 9{,}81 \cdot 10^{-3}$ N.
Dyn, dyn $= 10^{-5}$ N.
pound-force, lbf $= 4{,}448$ N.

Druck

Pascal, Pa $= \mathrm{N\, m} = \mathrm{kg\, m^{-1} s^{-2}}$.
Bar, bar $= 10^{5}$ Pa.
mm Hg (Torr) $= 1{,}333 \cdot 10^{2}$ Pa.

Technische Atmosphäre (1 kp/cm), at $= 9{,}81 \cdot 10^4$ Pa.
Physikalische Atmosphäre (760 mm Hg), atm $= 1{,}013 \cdot 10^5$ Pa.

Mechanische Spannung
$N\,mm^{-2}$.
$kp\,mm^{-2} = 9{,}81\,N\,mm^{-2}$.

Dynamische Viskosität
Pascalsekunde, $Pa\,s = N\,s\,m^{-2} = kg\,m^{-1}s^{-1}$.
Poise, $P = 10^{-1}Pa\,s$.

Kinematische Viskosität
$m^2\,s^{-1}$.
Stokes, $St = 10^{-4}\,m^2s^{-1}$.

Temperatur
Kelvin, K.

Celsius-Temperatur
Grad Celsius, °C, Zahlenwert zu °C = Zahlenwert zu
K $-273{,}15$.
Zahlenwert zu °C = (Zahlenwert zu Grad Fahrenheit
°F-32)$\cdot 5/9$.

Körpertemperatur

°F	°C	°F	°C
96	35,6	103	39,4
97	36,1	104	40,0
98	36,7	105	40,6
99	37,2	106	41,1
100	37,8	107	41,7
101	38,3	108	42,2
102	38,9	109	42,8

Energie, Arbeit, Wärmemenge
Joule, $J = N\,m = W\,s = kg\,m^2s^{-2}$.
Kalorie, cal $= 4,18\,J$.
Erg, erg $= 10^{-7}\,J$.
PSh $= 2,6478 \cdot 10^6\,J$.

Leistung
Watt, $W = J\,s^{-1} = V\,A = kg\,m^2\,s^{-3} = N\,m\,s^{-1}$.
Ps $= 736\,W$.

Elektrische Spannung
Volt, $V = W\,A = kg\,m^2\,s^{-3}\,A^{-1}$.

Elektrische Feldstärke
$V\,m^{-1} = W\,A^{-1}m^{-1} = kg\,m\,s^{-3}A^{-1}$.

Elektrischer Widerstand
Ohm, $\Omega = V\,A^{-1} = kg\,m^2\,s^{-3}\,A^{-2}$.

Elektrischer Leitwert
Siemens, $S = \Omega^{-1} = s^3\,A^2\,kg^{-1}\,m^{-2}$.

Elektrische Ladung
Coulomb, $C = A\,s$.

Elektrische Kapazität
Farad, $F = C\,V^{-1} = s^4\,A^4\,m^{-2}\,kg^{-1}$.

Induktivität
Henry, $H = V\,s\,A^{-1}$.

Magnetische Feldstärke
$A\,m^{-1}$.

Oersted, Oe $= 79{,}6\,\mathrm{A\,m^{-1}}$.
In Luft/Vakuum:
Feldstärke 1 Oe $\triangleq$ Induktion 1 G $= 10^{-4}\,\mathrm{T}$;
Feldstärke 1 A m^{-1} $\triangleq$ Induktion $1{,}256 \cdot 10^{-6}\,\mathrm{T}$.

Magnetischer Fluß

Weber, Wb $= \mathrm{V\,s} = \mathrm{m^2\,kg\,s^{-2}\,A^{-1}}$.
Maxwell, M $= 10^{-8}\,\mathrm{Wb}$.

Magnetische Flußdichte, Induktion

Tesla, T $= \mathrm{V\,s\,m^{-2}} = \mathrm{kg\,s^{-2}\,A^{-1}}$.
Gauss, G $= 10^{-4}\,\mathrm{T}$.
In Luft/Vakuum:
Induktion 1 G $\triangleq$ Feldstärke 1 Oe $= 79{,}6\,\mathrm{A\,m^{-1}}$;
Induktion 1 T $\triangleq$ Feldstärke $79{,}6 \cdot 10^4\,\mathrm{A\,m^{-1}}$.

Magnetisches Moment

V s m $= \mathrm{kg\,s^{-2}\,A^{-1}\,m^3}$.
cgs-Einheit, cgsE $= 1{,}256 \cdot 10^{-9}\,\mathrm{V\,s\,m}$.

Magnetische Polarisation

Tesla, T $= \mathrm{V\,s\,m^{-2}} = \mathrm{kg\,s^{-2}\,A^{-1}}$.
cgs-Einheit, cgsE $= 1{,}256 \cdot 10^{-3}\,\mathrm{V\,s\,m^{-2}}$.

Magnetisierung

A m^{-1}.
Oersted, Oe $= 79{,}6\,\mathrm{A\,m^{-1}}$.

Radioaktivität

Becquerel, Bq $= \mathrm{s^{-1}}$.
Curie, Ci $= 3{,}7 \cdot 10^{10}\,\mathrm{Bq}$.

Energiedosis

Gray, $Gy = J\,kg^{-1} = W\,s\,kg^{-1} = m^2\,s^{-2}$.
Rad, $rd = 10^{-2}\,Gy$.

Äquivalentdosis

Sievert, $Sv = J\,kg^{-1} = W\,s\,kg^{-1} = m^2\,s^{-1}$.
Rem, $rem = 10^{-2}\,Sv$.

Ionendosis, Exposition

Coulomb pro $kg = C\,kg^{-1} = A\,s\,kg^{-1}$.
Röntgen, $R = 2{,}58 \cdot 10^{-4}\,C\,kg^{-1}$.

Konstanten

Boltzmann-Konstante k

$SI : k = 1{,}38 \cdot 10^{-23}\,J\,K^{-1}$.
$cgs : k = 1{,}38 \cdot 10^{-16}\,erg\,Grad^{-1}$.

*Loschmidt*sche Zahl

Anzahl der Atome/Moleküle im Mol bzw. Kilomol,
$L = 6{,}02 \cdot 10^{26}\,Kilomol^{-1}$.
Auch als *Avogadro*-Konstante N_A bezeichnet.

Avogadro-Konstante

Anzahl der Atome/Moleküle in der Volumeneinheit,
$A = 2{,}68 \cdot 10^{25}\,m^{-3}$.
Auch als *Loschmidt*-Konstante N_L bezeichnet.

Dielektrizitätskonstante des Vakuums

$SI : \varepsilon_o = 8{,}8 \cdot 10^{-12}\,A\,s\,V^{-1}\,m^{-1}$.
Im cgs-System: $\varepsilon_o = 1$.

Dielektrizitätskonstante eines Materials

$\varepsilon = \varepsilon_0\, \varepsilon_r.$

Relative Dielektrizitätskonstante ε_r

Reine Zahl, im SI- und cgs-System gleich. Im cgs-System identisch mit der Dielektrizitätskonstante ε.

*Bohr*sches Magneton

$m_B = 1,15{\cdot}10^{-29}\,\text{V s m}.$

Induktionskonstante, Permeabilität des Vakuums μ_0

SI : $\mu_0 = 1,256{\cdot}10^{-6}\,\text{V s A}^{-1}\,\text{m}^{-1}.$
Im cgs-System: $\mu_0 = 1.$

Permeabilität eines Materials

$\mu = \mu_0\, \mu_r.$

Relative Permeabilität μ_r

Reine Zahl, im SI- und cgs-System gleich. Im cgs-System identisch mit der Permeabilität μ.

Magnetische Suszeptibilität, volumenbezogene magnetische Suszeptibilität, Volumensuszeptibilität

Reine Zahl.
cgs-Angabe $\times$ 12,56 = SI-Angabe.

Spezifische magnetische Suszeptibilität, Massensuszeptibilität

SI-Einheit $= \text{m}^3\,\text{kg}^{-1}.$
Zahlenwert im cgs-System $\times$ $12,56{\cdot}10^{-3}$ = Zahlenwert im SI-System.

Systemunabhängig gilt:
Spezifische magnetische Suszeptibilität × Dichte =
magnetische Suszeptibilität.

Abkürzungen

d	=	Dezi	=	10^{-1}
c	=	Zenti	=	10^{-2}
m	=	Milli	=	10^{-3}
μ	=	Mikro	=	10^{-6}
n	=	Nano	=	10^{-9}
p	=	Piko	=	10^{-12}
h	=	Hekto	=	10^{2}
k	=	Kilo	=	10^{3}
M	=	Mega	=	10^{6}

4. Atmungsfunktion des menschlichen Blutes

4.1 Blutphysiologische Grundlagen

Das Blut als uns wohlvertraute, rote, undurchsichtige Flüssigkeit besteht aus

- gelblichem Plasma und darin suspendiert
- roten Blutzellen (Erythrozyten) sowie
- weißen Blutzellen (Leukozyten) und
- Blutplättchen (Thrombozyten).

Wir wollen hier im Blut vor allem das Transportmittel sehen, in erster Linie für Sauerstoff O_2 aus der Lunge in die Gewebe und des Abbauproduktes Kohlendioxid CO_2 aus den Geweben zur Lunge. Dieser Atemgastransport stellt die Atmungsfunktion des Blutes dar.

Wir vergegenwärtigen uns aber auch, daß das Blut Nährstoffe vom Verdauungssystem oder auch von Depots den Zellen zur Verarbeitung zuführt und Abbauprodukte von dort an die Ausscheidungsorgane weiterleitet. Und natürlich, daß der Transport von Wirkstoffen ebenfalls eine wichtige Rolle spielt.

In allen Fällen erfolgt der Stoffaustausch zwischen Blut und Zellen nicht direkt, sondern durch die interstitielle, d. h. zwischen den Zellen liegende Gewebsflüssigkeit. (Wir knüpfen hier noch kurz für ein begriffliches Statement an: Unter »Ge-

72

webe« wollen wir die Gesamtheit von Zellverband und Zellzwischenraum – den interstitiellen Raum – verstehen.)

Neben der Transportfunktion wird auch die Abwehrfunktion des Blutes bei einigen unserer späteren Überlegungen bedeutsam sein: Phagozytierende – fressende – sowie antikörperbildende Blutzellen können Krankheitserreger, aber auch schädlich gewordene Eigenzellen ausschalten. Vorgänge, die, wie viele andere auch, ihrerseits von der Atmungsfunktion des Blutes abhängen.

4.2 Blutgefäße

4.2.1 Übersicht

Die Blutgefäße – später werden wir auch kurz von Gefäßen sprechen – sind das Rohr- oder besser Schlauchleitungssystem, in dem das Blut vom Herzen durch den Körper gepumpt wird. Mit anderen Worten: Sie verkörpern die Transportwege unseres Atemgastransportmittels Blut. Gefäße, die Blut vom Herzen wegleiten, werden als Arterien bezeichnet; Gefäße, die Blut zum Herzen zurückführen, als Venen. Die Übergangszone zwischen Arterien und Venen ist einerseits das Herz selbst, andererseits das Gewebe.

Der den Lungenkreislauf bildende Teil des Blutgefäßsystems – statt Blutgefäßsystem nachfolgend auch kurz: Gefäßsystem –, in dem in der Lunge die O_2-Aufnahme bzw. die CO_2-Abgabe des Blutes stattfindet, liegt zwischen der rechten Kammer und dem linken Vorhof des Herzens, der den Körperkreislauf bildende Teil zwischen linker Kammer und rechtem Vorhof. Lungen- und Körperkreislauf sind strömungstechnisch gesehen in Reihe geschaltet.

Wir betrachten nun den Körperkreislauf näher. Hier wird in der Druckphase des Herzens (Systole) das Blut zunächst vom linken Teil des Herzens in die Aorta oder Körperschlagader, die weiteste Arterie mit einem Durchmesser von etwa 25–30 mm und einer Wandstärke von ungefähr 2 mm, gepumpt. Von der Aorta gehen zahlreiche Arterien ab, die sich ihrerseits stark verzweigen, so daß ihre Zahl mit der strömungsmäßigen Entfernung vom Herzen stark zunimmt, während gleichzeitig ihr Durchmesser immer kleiner wird.

Aus den dünnsten Arterien gehen schließlich die Arteriolen ab und aus diesen wiederum die Kapillaren, die das Gewebe als feinstes Röhrensystem durchsetzen und durch ihre Wände hindurch den Stoffaustausch zwischen Blut und dem Gewebe mit seinen Zellen bewerkstelligen.

Nach Passieren dieses Austauschersystems fließt das Blut über die Venolen in immer weiter werdende und in ihrer Zahl abnehmende Venen in den rechten Teil des Herzens.

Die soeben unterschiedenen Gefäßabschnitte können wir durch die Struktur und mechanischen Eigenschaften ihrer Wände genauer charakterisieren.

4.2.2 Arterien

Bei strömungsmäßig herznahen Arterien, insbesondere bei der Aorta, finden wir eine stark elastische Wandstruktur vor, mit einem elastischen Substanzanteil von 50% und einem muskulären von 21%. Die restlichen 29% werden von einem Kollagenanteil gebildet (Zahlenangaben als Anhaltswerte nach [1]).

Die Elastizität wird im wesentlichen durch eine starke mittlere Wandschicht (Tunica media) verkörpert. Sie besteht aus Lagen von vielen perforierten, untereinander zusammenhängenden elastischen Membranen. Zwischen den Membranlagen befinden sich sandwichartig Lagen kurzer, glatter Muskelfasern, die die mechanische Spannung der elastischen Membranen – also insgesamt der Gefäßwand – steuern.

Die Media ist von einem Netz sehniger, kollagener Fasern umgeben, die als Bindegewebe einerseits den »Festiger« der Arterie bilden und andererseits die Verbindung zur Gefäßumgebung

74

herstellen. Die kollagenen Fasern (vgl. 6.2.2) selbst sind kaum dehnbar (nur ungefähr 3%), besitzen dafür aber einen spannungsabhängigen, welligen Verlauf, der Längenänderungen mitmacht.

Ausgekleidet sind die Gefäße mit einer dünnen Folie (Intima): als Endothelschicht bezeichnetes Epithelgewebe aus flachen, zusammenhängenden Zellen. Aufgekittet ist diese Schicht mit der aus Mukopolysacchariden bestehenden sogenannten Basalmembran. (Mukopolysaccharide sind hochmolekulare Kohlenhydrate, Beispiel: Chitin. Sie binden sich durch Bildung von Glykoproteiden – Eiweißzucker – an Eiweißstoffe.)

Die hohe Elastizität ihrer Wände befähigt die herznahen Arterien zur sogenannten Windkesselfunktion. Dieser Begriff wurde von den historischen Feuerspritzen übernommen. Bild 16 zeigt uns eine solche Spritze nach einer alten Darstellung: Ohne besondere Maßnahmen würde dort rhythmisches Betätigen der Kolbenpumpen zu gleichfalls rhythmischem Löschwasserausstoß führen, und zwischen den Kolbenhüben flösse überhaupt kein Wasser. Um dies zu vermeiden, ist zwischen Pumpen und Spritzenrohr ein Kessel – der sogenannte Windkessel – geschaltet, in dem das von den Pumpen kommende Wasser ein Luftpolster komprimiert. Dessen Druck sorgt dann für ein gleichmäßiges Ausströmen des Wassers. Es ist einleuchtend, daß die elastischen Gefäßwände der herznahen Arterien genau diese Funktion für die Blutströmung übernehmen. Unter ihrem Einfluß sinkt der maximale systolische Druck von etwa 16 kPa (120 mm Hg) während der Ansaugphase des Herzens (Diastole) nicht auf Null, sondern nur auf einen Minimalwert von ungefähr 10 kPa (68 mm Hg).

Neben der Windkesselfunktion tragen zur Egalisierung des zeitlichen Druckverlaufes im weiteren Körperkreislauf reflektierte Druckwellen (nicht Strömungen!) bei, die sich der einlaufenden Druckwelle überlagern. Die mittlere Strömungsgeschwindigkeit beträgt in der Aorta 0,2−0,5 m/s, und wir sollten sie später mit der Strömungsgeschwindigkeit in den Kapillaren vergleichen.

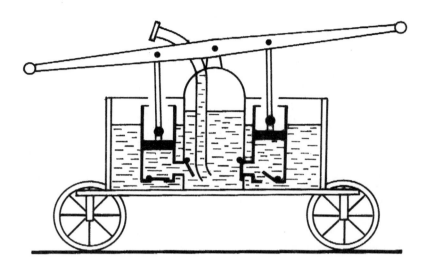

Bild 16. Zur Windkesselfunktion der Arterien. Feuerspritze. Nach
einer alten Darstellung. Zwischen Pumpen und Spritzenrohr ist der in
der Mitte erkennbare sog. Windkessel geschaltet. In seinem oberen
Teil wird Luft komprimiert. Dies führt zu gleichmäßigem Ausströmen
des Spritzenwassers, auch zwischen den Kolbenhüben. Diese Funktion
wird im Blutkreislauf von den elastischen Gefäßwänden der herznahen
Arterien übernommen.

Mit der strömungsmäßigen Entfernung vom Herzen tritt der elastische Charakter der Wände zurück; die Arterien besitzen zwar an der Grenze der Intima noch eine elastische Membran-Schicht (Elastica interna), aber die glatte Muskulatur dominiert. Bei diesen normalen Arterien beträgt dementsprechend (vgl. [1]) der elastische Wandanteil etwa 38 % und der muskuläre Anteil ca. 47 %. Der Kollagenanteil bewegt sich bei 15 %. Die Wände sind noch sehr dick: 1 mm. Der Gefäßdurchmesser liegt bei etwa 4 mm. Der Durchmesser ist jedoch kein Festwert: Mit ihrer Muskulatur können diese Gefäße ihren Durchmesser verändern, so daß auf diese Weise die Blutverteilung nach dem Bedarf der einzelnen Organe erfolgen kann.

4.2.3 Arteriolen

Hier finden wir fast keine elastische Membranschicht mehr. Die als Auskleidefolie fungierende Endothelschicht ist von einer einlagigen Hülle glatter Muskulatur umgeben. Das spiegelt sich in der Zusammensetzung wider (vgl. [1]): Während der elastische Anteil der Wandsubstanz auf etwa 25 % zurückgegangen ist, beträgt der muskuläre Anteil nunmehr rund 54 %. Der Kollagenanteil liegt bei 21 %.

Die Muskulatur bestimmt jetzt praktisch völlig das Gefäßverhalten. Bei einer Wanddicke von ca. 0,02 mm beträgt der mittlere Rohrdurchmesser ungefähr 0,03 mm (vgl. [1]), beide haben also fast den gleichen Wert. Damit führen geringfügige Änderungen des Kontraktionszustandes der glatten Gefäßmuskulatur bereits zu merklichen relativen Änderungen des Rohr-(Gefäß-)durchmessers. Die Auswirkungen auf die Durchflußgeschwindigkeit $\dot{V} = V/t$ des Blutes (in der Zeit t durchgeflossenes Blutvolumen V) sind beträchtlich: Nach dem Gesetz von *Hagen-Poiseuille* ist die Durchflußgeschwindigkeit $\dot{V}$ proportional zur vierten (!) Potenz des Rohr(innen)durchmessers d

$$\dot{V} \sim d^4.$$

Im Körperkreislauf muß das Blut durch ungefähr $5 \cdot 10^7$ Arteriolen (vgl. [1]) gedrückt werden. Sie bewirken den stärksten Abfall des Blutdruckes im Körperkreislauf und repräsentieren damit einen großen Anteil von dessen Strömungswiderstand. So wird uns verständlich, daß – in Verbindung mit dem eben skizzierten Mechanismus – über die glatte Gefäßmuskulatur der Arteriolen die Durchblutung ganzer, von den Gefäßen gut durchsetzter Gewebebereiche rasch und wirkungsvoll gesteuert werden kann. Ein Effekt, der sicherlich z. B. bei der Massage eine Rolle spielt. Beides müssen wir für spätere Anwendungen im Auge behalten.

Gewebe

Wir haben jetzt verschiedentlich den uns allen vertrauten Gewebebegriff verwandt. Hier noch einige erläuternde Worte dazu: Bevor die Zellstruktur des Organismus entdeckt wurde, war man der Auffassung, daß der Organismus aus Fasern zusammengesetzt sei, Gewobenem vergleichbar. Deshalb sprechen wir heute noch von Gewebe und Gewebslehre (Histologie). Um 1800 unterschied man 21 verschiedene Gewebearten, die heute auf vier reduziert bzw. zusammengefaßt sind:

- Epithelgewebe
  Verbände zusammenhängender Zellen, dicht angeordnet, dazwischen nur sehr feine Interzellularspalte. Von flächenhaftem, epithelialem Deckgewebe werden alle inneren und äußeren Körperoberflächen abgeschlossen, z. B. Haut, Atemwege, Blut- und Lymphgefäße.

- Binde- und Stützgewebe
  Zwischen ihre mehr oder weniger weit auseinanderliegenden Zellen sind größere Mengen fester und flüssiger Interzellularsubstanz eingelagert, die aus von Bindegewebsfasern (vgl. 6.2.2) durchzogener, amorpher Grundsubstanz besteht. Außer im Knorpel berühren sich die Zellen mittels Ausläufern und formen ein schwammartiges Maschenwerk. Die Interzel-

78

lularsubstanz verleiht dem Stützgewebe die Festigkeit, im Knorpel und im Knochen durch eingelagerte Salze, insbesondere des Kalziums, unterstützt. Als Skelett geben Binde- und Stützgewebe dem Körper seinen Halt. Sie verbinden Organe und Organbereiche miteinander und sichern den Zusammenhalt des Körpers.

- Nervengewebe
  Nervenzellen mit Leistungsfunktion und Gliazellen (glia = griech. Kitt) mit bindegewebsähnlichen Funktionen.

- Muskelgewebe
  Muskulatur (»Fleisch«), aufgebaut aus Fasern, die sich ihrerseits aus kontraktionsfähigen Proteinfasern zusammensetzen, abgesehen von Stofftransporten für alle Bewegungsvorgänge verantwortlich.

4.2.4 Kapillaren

Wir wollen uns nun, durch die Beschäftigung mit den vorgeschalteten Teilen des Gefäßsystems hinreichend präpariert, diesem im Rahmen des vorliegenden Buches wichtigsten Teil des Gefäßsystems zuwenden.

Kapillarwände

Die nur etwa 1 μm dicken (vgl. [1]) Kapillarwände sind stark reduzierte Gefäßwände: Sie bestehen praktisch nur noch aus Basalmembran mit aufgekitteter dünner Endothelschicht, deren flache Zellen seitlich (mit Kaliumproteinat) zusammenkleben. Muskulatur und elastische Teile sind verschwunden. Aktive Veränderung ihres Durchmessers durch Betätigen von Muskelaggregaten ist den Kapillaren dementsprechend nicht möglich, wie auch elastisches Verhalten fehlt. Was aber nicht heißt, daß die Kapillaren ihre lichte Weite nicht ändern könnten: Das ist möglich durch Quellen und Entquellen ihrer Wand, genauer ihrer Endothelzellen (vgl. [2]). Eine Eigenschaft, die, wie wir sehen

79

werden, bei den Magnetfeldeffekten des Blutes eine wichtige Rolle spielt (vgl. 5.4.4).

Insgesamt können wir in den Kapillaren sehr feine, von Haus aus schlaffe Schläuche sehen, deren mechanisches Verhalten weitgehend vom durchfließenden Blut und natürlich auch von der umgebenden Gewebsflüssigkeit im Zellzwischenraum (Interstitium) bestimmt wird.

Nach der Wandstruktur können wir drei Typen von Kapillaren unterscheiden:

- Wand mit durchlöcherter, aber durchgängiger Endothelschicht, wobei die Löcher oder besser Poren einen Durchmesser von etwa $5 \cdot 10^{-3}$ µm haben. Damit bewegen sich die Porendurchmesser im Bereich molekularer Durchmesser, die Kapillarwand ist also ein ausgesprochenes Mikrofilter.

  Kapillaren mit einer solchen Wandstruktur finden wir in vielen Körperbereichen: in glatter und quergestreifter Muskulatur, im Fett- und Bindegewebe sowie im Lungenkreislauf. Diese Wandstruktur ist damit die für unsere Betrachtungen wichtigste Form, auf die wir uns konzentrieren werden.

- Wand mit Durchbrüchen von ungefähr 0,1 µm Durchmesser. Diese Durchbrüche können jeweils durch eine sehr feine Membran geschlossen sein. Wir treffen diesen Kapillartyp in den Nieren sowie in der Darmschleimhaut an.

- Wand mit so großen Löchern im µm-Bereich, daß sogar rote Blutzellen passieren können. Diese Ausführungsform der Kapillaren finden wir z. B. im Knochenmark.

Arteriell-venöser Übergang

Schon *William Harvey* (1578−1657), der Entdecker des doppelten Blutkreislaufs, schloß, daß zwischen Arterien und Venen ein Übergang durch Kapillaren bestehen müsse. Den Nachweis erbrachte dann *Marcello Malpighi* (1628−1694), der die Mikro-

80

skopie anwandte und mit dieser Methode auch zu einem der Begründer der Gewebelehre wurde.

Bild 17 zeigt uns schematisch den Übergang zwischen dem arteriellen und dem venösen Teil des Gefäßsystems, so, wie wir ihn heute kennen: Der Übergang erfolgt überwiegend nicht durch eine direkt zwischen Arteriole und Venole geschaltete Kapillare; statt dessen ist eine sogenannte terminale Strombahn (Mikrozirkulation) ausgebildet.

Aus den Arteriolen zweigen – gewissermaßen als seitliche Fortsetzung – sogenannte Metarteriolen ab. Sie sind dadurch gekennzeichnet, daß sie noch über glatte Muskelfasern verfügen (in Bild 17 durch kleine, ausgefüllte Kreise angedeutet), deren Zahl aber mit der Entfernung zur Arteriole abnimmt. Die Metarteriolen setzen sich in einem muskelfreien Teil fort, der als Stromkapillare bezeichnet wird, und bilden so die Hauptstrombahn.

Von der Hauptstrombahn gehen die sich verzweigenden Netzkapillaren ab, die hinsichtlich Stoffaustausch den wichtigsten Teil der terminalen Strombahn darstellen. An den Abzweigungen von den Metarteriolen umklammern, als sogenannte präkapillare Sphinkter (Schließmuskel), glatte Muskelfasern die Gefäßwand. Damit können Kapillarnetze bei wachsendem Stoffwechsel in ihrem Gewebebereich kurzfristig zugeschaltet und – bei abnehmendem Stoffwechsel – natürlich auch gedrosselt werden, wobei es übrigens in einzelnen Abschnitten des Kapillarnetzes zur Umkehr der Strömungsrichtung kommen kann.

Neben den Netzkapillaren kommen auch nicht verzweigte Kapillaren vor, die aber ebenfalls sphinktergesteuert sind, sogenannte Sphinkterkapillaren (Bild 17).

Die Sphinkterfunktion spielt eine überaus wichtige Rolle in Bereichen mit stark wechselnder Stoffwechselaktivität, z. B. im Skelettmuskel bei unterschiedlicher Belastung. Das drückt sich in solchen Bereichen auch im Verhältnis der Zahl von Kapillaren zur Zahl von Metarteriolen aus, das dort 10:1 betragen kann. Im Schnitt werden im Ruhezustand ungefähr 30 % aller Kapillaren ausgelastet.

Außer der Sphinkterfunktion beeinflussen natürlich die – mus-

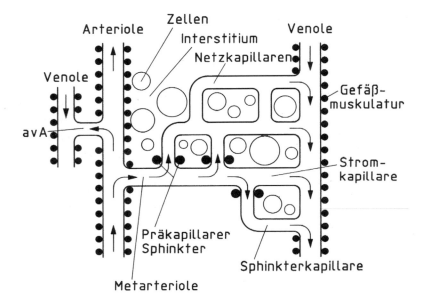

Bild 17. Der Übergang zwischen arteriellem und venösem Teil des Gefäßsystems. Dieser Übergang erfolgt überwiegend nicht durch eine direkt zwischen Arteriole und Venole geschaltete Kapillare; statt dessen
ist eine sog. terminale Strombahn (Mikrozirkulation) ausgebildet. Für
den Stoffaustausch wichtigster Teil: die Netzkapillaren. Sie können
entsprechend dem Stoffwechselbedarf mit sog. präkapillaren Sphinktern (Schließmuskeln) zugeschaltet und gedrosselt werden.

kelgesteuerten – Arteriolen, als vorgeschalteter Strömungswiderstand, den durch terminale Strombahn und Kapillaren fließenden Blutstrom. So können wir uns leicht verständlich machen, daß in einem trainierten Muskel das aktive Kapillarvolumen bei Muskelarbeit über 200mal größer als das Ruhevolumen sein kann (vgl. [3]). Dazu können wir beispielsweise annehmen, daß die Sphinkterfunktion einen Verstärkungsfaktor von etwa 10 beiträgt, die Durchmesservergrößerung der Kapillare einen Faktor von rund 20. Hier liegt auch ein wichtiger Ansatzpunkt für das Verständnis der Durchblutungsförderung durch Massage (vgl. [3], [4]), wobei insbesondere dem Zuschalten der Kapillaren eine wichtige Rolle zugeschrieben werden kann. Das ist für uns ebenfalls von ganz besonderem Interesse, wie wir sehen werden.

Zu erwähnen bleiben noch arteriovenöse Anastomosen (avA) als Kurzschluß zwischen Arteriolen und Venolen. Sie sind reichlich mit Muskelfasern ausgestattet und dienen der Wärmeregulierung, z. B. in Fingern und Zehen. Aus Gründen der Wärmeregulierung finden wir allgemein zahlreiche avA in den Kapillarnetzen der Haut, genauer der Lederhaut (vgl. 6.2.6).

Besondere Daten

Die Gesamtzahl der Kapillaren beträgt beim Menschen ungefähr 40 Milliarden. Wenn wir an Austauschvorgängen teilnehmende Venolenflächen noch mitrechnen, so ergibt sich daraus eine gesamte Stoffaustauschfläche von rund 1000 m². Gemittelt über das gesamte Körpergewebe, kommen wir auf eine Kapillardichte von ca. 600 mm^{-3}. Allerdings ist die Schwankungsbreite groß, z. B. Gehirn etwa 2500−3000 mm^{-3}, Skelettmuskel 300−400 mm^{-3}, Fett fast keine.

Für den mittleren durchschnittlichen Durchmesser der Kapillaren können wir von 6 µm ausgehen, für die mittlere durchschnittliche Länge von $\bar{l} = 750$ µm. Bei einer Strömungsgeschwindigkeit $v \approx 0,3$ mm s^{-1} bekommen wir als kapillare Passagezeit $t_p = \bar{l}/v \approx 2,5$ s. (Zahlenwerte vgl. z. B. [5]). Daten, die wir später bei der Abschätzung von Magnetfeldeffekten verwenden können.

Modell des arteriell-venösen Überganges

Zahlreiche Zusammenhänge können wir sehr einfach beschreiben, wenn wir den arteriell-venösen Übergang zwischen Arteriolen und Venolen entsprechend Bild 17 modellartig durch Durchschnittskapillaren mit den oben genannten Daten ersetzen (Bild 18). Das gilt beispielsweise für den durch die Kapillarwand hindurch erfolgenden Stoffaustausch, den wir im Anschluß untersuchen wollen.

Stoffaustausch

Hier wirken zwei Mechanismen: Diffusion und Filtration.

Diffusion

Der Austausch von Flüssigkeiten und Substanzen zwischen Blut und dem interstitiellen Raum erfolgt hauptsächlich durch Diffusionsvorgänge. Die Diffusionsgeschwindigkeit ist dabei außerordentlich groß. So wird beispielsweise innerhalb der Passagezeit das Wasser des Plasmas mit dem Wasser der interstitiellen, d. h. zwischen den Zellen befindlichen Gewebsflüssigkeit so häufig ausgetauscht, daß wir von einer kontinuierlichen Mischung zwischen Plasmawasser und Gewebsflüssigkeit sprechen können.

Die feinen Poren der Kapillarwände, die wir vorhin kennengelernt haben, sind natürlich mit Wasser gefüllt. Damit sind sie »Diffusionstore« – in ihrer Gesamtheit von beachtlicher Fläche – für alle wasserlöslichen Substanzen wie z. B. Natrium- und Chlorionen, sonstige Salze, aber auch den Zellbrennstoff Glukose. Diese Stoffe können also leicht durch die Wand diffundieren, und wir haben auf beiden Seiten etwa gleich viel davon; der osmotische Druck dieser Stoffe regelt sich, wie wir sagen können, auf Null.

Die Hülle einer Zelle (Zellmembran) besteht aus Lipoidmolekülen, fettähnlichen Stoffen, die mit den Fetten unter dem Begriff Lipide zusammengefaßt werden und sich wegen ihrer niedri-

84

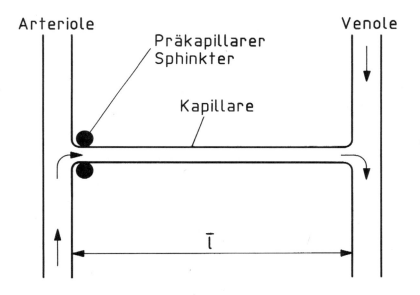

Bild 18. Modellkapillare. Modellmäßiges Ersetzen des arteriell-venösen Überganges entsprechend Bild 17 durch Durchschnittskapillaren der mittleren Länge $\bar{l}$ ermöglicht die einfache Beschreibung zahlreicher Zusammenhänge.

gen Oberflächenspannung besonders für den Bau großflächiger Gebilde wie Zellmembranen eignen. Diese Stoffe sind so gut wie wasserunlöslich, haben aber eine sehr gute Löslichkeit für z. B. Äther, Alkohol, aber auch – und das ist für unsere Betrachtungen besonders interessant – für Sauerstoff O_2 und Kohlendioxid CO_2.

Nun wird aber, abgesehen von den Poren, die Oberfläche der Kapillarwände im wesentlichen von den Zellmembranen der flachen, seitlich miteinander verbundenen Endothelschichtzellen gebildet. Das bedeutet: Praktisch die gesamte Fläche der Kapillarwand steht für die Diffusion von z. B. Sauerstoff zur Verfügung, die entsprechend stark ist.

Filtration

Hierunter verstehen wir den vom Blutdruck – genauer vom hydrostatischen Druck des Blutes – bewirkten Transport von Flüssigkeit durch die Kapillarwand hindurch.

Zur Beschreibung der Zusammenhänge wollen wir unser Modell des arteriell-venösen Überganges entsprechend Bild 18 benutzen. Wir finden es hierzu in Bild 19 wieder. Wie wir sehen, fällt der Blutdruck entlang der Kapillare ab. Das ist durch den Strömungswiderstand der Kapillare bedingt. Dieser Druck auf die Kapillarwand ist in das Gewebe hinein gerichtet. Dagegen, also vom Gewebe in Richtung Kapillare, wirkt auf die Kapillarwand ein Außendruck. Darunter fassen wir vereinfachend hydrostatischen Druck des Gewebes – kurz Gewebsdruck – und von Kolloiden (Proteine, Eiweiße) erzeugte osmotische Druckanteile zusammen, wobei wir uns an die Rolle dieser Stoffe bei der Diffusion erinnern wollen.

Den Druckrichtungen gemäß ist in dem Schema von Bild 19 der Blutdruck positiv und der Außendruck, den wir von der Kapillare aus betrachtet auch als Sog ansehen können, negativ eingetragen. Druck und Sog überlagern sich zum auf die Kapillarwand wirkenden Gesamtdruck. Wie wir sehen, geht dieser Gesamtdruck durch Null, so daß zum venösen Ende der Kapillare hin der negative Druck (Sog) überwiegt.

86

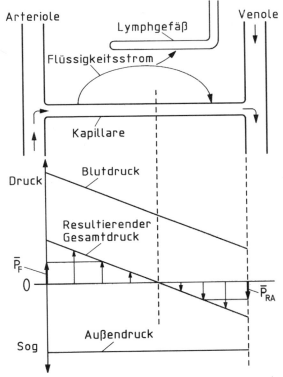

Bild 19. Flüssigkeitsaustausch zwischen Kapillare und Umgebung. Von innen wirkt auf die Kapillarwand der hydrostatische Druck des Blutes (Blutdruck), als Außendruck der hydrostatische Druck des Gewebes plus ein von Konzentrationsunterschieden kolloidaler Bestandteile (Proteine, Eiweiße) erzeugter osmotischer Druck. Zum arteriellen Ende der Kapillare hin überwiegt der Blutdruck. Er nimmt durch den Strömungswiderstand der Kapillare zum venösen Ende hin ab. Dadurch überwiegt dort der Außendruck. Folge: Ein Flüssigkeitsstrom durch den interstitiellen Raum des Gewebes von der arteriellen zur venösen Seite der Kapillare. Der mittlere Druck $\bar{P}_{RA}$ auf der venösen Seite ist betragsmäßig etwas kleiner als der mittlere Druck $\bar{P}_F$ auf der arteriellen Seite. Folge: Etwa 10 % des Flüssigkeitsstromes werden von den Lymphgefäßen aufgenommen. Dadurch werden auch beim Zellstoffwechsel anfallende Eiweißstoffe abtransportiert.

87

Die Kapillare gibt auf der arteriellen Seite vom Druck-Null-durchgang an Flüssigkeit an das Gewebe ab und reabsorbiert auf der venösen Seite. Allerdings ist der mittlere Reabsorptions-druck $\overline{P}_{RA}$ etwas kleiner als der mittlere Filtrationsdruck $\overline{P}_F$, so daß grob 10 % der Flüssigkeit übrigbleiben, die dann von Lymph-gefäßen aufgenommen werden. Mehr hierzu unter 4.3.

Noch kurz zur Orientierung, über welche Größenordnungen wir hier sprechen: $\overline{P}_F$ liegt bei 1,6 kPa (12 mm Hg), der Blutdruck am Anfang einer Kapillare bei 5,3 kPa (40 mm Hg).

4.2.5 Venolen, Venen

Während die Venolen noch eine mit den Arteriolen vergleich-bare Wanddicke von ungefähr 0,02 mm besitzen, sind, abgese-hen von den großen Venen in Herznähe, die Wände der Venen nur noch rund halb so dick (ca. 0,5 mm) wie die der Arterien.

Die Venolenwand besteht aus Bindegewebe und damit prak-tisch 100%ig aus kollagener Substanz. In den Venen ist dann eine mit ihrer Größe allmählich wachsende Zahl von Muskelbündeln eingelagert. Wegen des niedrigen Druckes in den Venen müssen diese Muskeln keine große Kraft erzeugen, um den Venenquer-schnitt zu verändern.

Die Venolen weisen in Nähe der Kapillaren noch einen Druck von etwa 2,3 kPa (17 mm Hg) auf, der in den kleinen Venen be-reits auf ungefähr 1,6 kPa (12 mm Hg) abgefallen ist und in den großen Venen auf rund 0,7 kPa (5 mm Hg).

Um sicherzustellen, daß kein Blut in das Gefäßsystem zurück-fließen kann, sind in die Venen ähnlich den Taschenklappen des Herzens gebaute Klappen eingesetzt.

Neben dem sich im venösen Bereich des Gefäßsystems fortset-zenden, allmählich abnehmenden Druck des arteriellen Berei-ches und der zum Herzen hin zunehmenden Sogwirkung wird der Blutfluß in den Venen merklich von den Kontraktionen umlie-gender Muskulatur gefördert: Venenabschnitte werden leerge-drückt, die Venenklappen verhindern als Rückschlagventile das Zurücklaufen des Blutes, so daß nur der Transport in Herzrich-tung bleibt (Muskelvenenpumpe).

4.3 Lymphgefäße

Wegen seiner ergänzenden Funktion gegenüber dem Blutgefäßsystem wollen wir noch einen Blick auf das System der Lymphgefäße werfen. Wir waren auf diese Funktion bereits bei der Beschäftigung mit dem Stoffaustausch der Blutkapillaren – von uns
kurz Kapillaren genannt – gestoßen, als wir sahen, daß rund ein
Zehntel des Flüssigkeitsstroms durch das Gewebe – genauer
durch den interstitiellen Raum des Gewebes – nicht wieder von
den Kapillaren aufgenommen und statt dessen in benachbarte
Lymphgefäße abgezweigt wird. Diese das Gewebe als Drainage-
system durchsetzenden feinen Lymphgefäße sind in ihren Di-
mensionen durchaus mit den Blutkapillaren vergleichbar, so daß
wir auch von Lymphkapillaren sprechen können. Diese Lymphkapillaren sind im Unterschied zu den Blutkapillaren einseitig
geschlossen, wie im Bild 19 angedeutet.

Aber es besteht ein weiterer wichtiger Unterschied, der zugleich den ergänzenden Charakter des Systems der Lymphgefäße
gegenüber dem Blutgefäßsystem verdeutlicht: die Durchlässigkeit der Kapillarwände für große Moleküle, insbesondere Ei-
weißmoleküle. Wir erinnern uns, daß die Wände der Blutkapillaren kaum für solche Moleküle durchlässig sind. Das ist bei den
Lymphkapillaren anders. Ihre Wände aus einschichtigem Endo-
thel zeigen eine gute Permeabilität (Durchlässigkeit) für Eiweiß,
übrigens auch für Fette, Zucker und Elektrolytlösungen. Dadurch sind die Lymphkapillaren in der Lage, den Abtransport
von Eiweißstoffen aus der Interzellularflüssigkeit (Gewebsflüssigkeit) zu übernehmen. Solche Eiweißstoffe fallen beim Zellstoffwechsel und -abbau an und können auch aus ganzen Zellen
bestehen, z. B. beim Zerfall von Krebsgeschwülsten.

Die von den Lymphkapillaren gesammelte eiweißhaltige Lymphe fließt in größeren Lymphgefäßen zusammen, die sich ihrerseits zu größer werdenden Lymphgefäßen vereinigen. Schließlich münden große Lymphgefäße in Venen, so beispielsweise der
Brustlymphgang in den Zusammenfluß der Hals- und der linken
Schlüsselbeinvene hinter dem Schlüsselbein. Strömungstech-

nisch können wir also in dem Lymphsystem einen Nebenschluß zum Gefäßsystem der Venen sehen.

Der Druck in den Lymphgefäßen ist mit ungefähr 0,16 kPa (1,5 mm Hg) sehr niedrig. Die Wände der Lymphgefäße verfügen ähnlich den Venen über glatte Muskelfasern sowie Klappen als Rückschlagventile. Kontraktionen der Gefäßmuskulatur, aber auch die der Muskelvenenpumpe entsprechende sogenannte Lymphpumpe, erzeugen ein Driften der Lymphe.

In das System der Lymphgefäße eingefügt sind die lymphatischen Organe. Am bekanntesten sind die früher als Lymphdrüsen bezeichneten Lymphknoten. Unser Körper verfügt über bis zu 1000 derartiger Knoten, die durchaus tastbare Größe haben können. Sie stellen Filterstationen für die durchfließende Lymphe dar. Auch Milz, Mandeln und Thymus gehören zu den lymphatischen Organen.

Eine »kriegsentscheidende« Rolle spielen diese Organe innerhalb des körpereigenen Abwehrsystems durch Heranbildung von Lymphozyten, mit denen die Lymphe auf ihrem Weg zu den Venen beim Passieren der lymphatischen Organe beladen wird. Etwa ein Drittel aller Blutleukozyten sind Lymphozyten.

4.4 Erythrozyten

Wenn wir eingangs davon gesprochen haben, daß wir im Blut in erster Linie das Transportmittel für Sauerstoff O_2 und Kohlendioxid CO_2 sehen wollen, so soll sich unser Interesse nun dem individuellen Träger des O_2-Transportes zuwenden, der, wie wir später sehen werden, indirekt auch eine wichtige Rolle beim CO_2-Transport spielt. Wir sprechen von den roten Blutzellen, auch als rote Blutkörperchen oder Erythrozyten bezeichnet.

4.4.1 Menge

In der roten Blutzelle dürften wir den häufigsten Zelltyp des menschlichen Körpers überhaupt vor uns haben: Von dessen insgesamt ungefähr $75 \cdot 10^{12}$ individuellen Zellen sind allein rund ein Drittel, also etwa $25 \cdot 10^{12}$ Erythrozyten (vgl. [6]). Bei einer Blutmenge von ca. fünf Litern kommen wir auf annähernd $5 \cdot 10^6$ Erythrozyten im Kubikmillimeter. Trotz dieser hohen Dichte haften die Erythrozyten nicht aneinander und agglutinieren nicht. Der Grund: abstoßende Kräfte infolge gleichnamiger elektrischer Oberflächenladung.

Der Massenanteil der Erythrozyten an der Gesamtmasse des Blutes beläuft sich auf nahezu 47 %, was gleichbedeutend mit etwa 2,4 kg Erythrozyten ist, der als Hämatokrit bezeichnete Volumenanteil liegt bei 44 %. Für spätere Verwendung benötigen wir noch die Dichte der Erythrozyten: Sie beträgt $1,097 \cdot 10^3$ kg m^{-3} (Zahlenangaben vgl. [1]).

4.4.2 Geometrie

Die Erythrozyten sind runde, bikonkave Scheiben, entsprechend der Schnittdarstellung von Bild 20, aus dem wir auch die ungefähren Abmessungen entnehmen können (vgl. [2]). Allerdings ist die Form nicht starr, vielmehr sind die Erythrozyten äußerst flexible Gebilde, die sich dem Querschnitt der passierten Kapillaren anpassen können, z. B. in Form eines Napfes, der mit seiner Außenwand guten Flächenkontakt zur Kapillarwand hat.

Die Form der Erythrozyten liefert »viel Fläche fürs Volumen«: Wenn wir mit einer individuellen Erythrozytenfläche von 140 (μm)^2 = $1,4 \cdot 10^{-10}$ m^2 (vgl. 5.1.4) rechnen, kommen wir bei $25 \cdot 10^{12}$ Erythrozyten auf eine Gesamtfläche von 3500 m^2.

4.4.3 Lebenslauf

Im roten Mark der platten Knochen entstehen durch ständige Teilung aus zunächst kernhaltigen Zellen unter gleichzeitiger

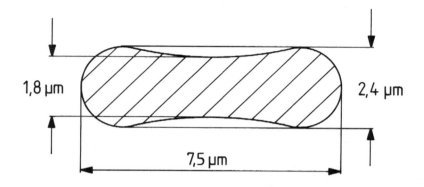

Bild 20. Schematisierte Schnittdarstellung eines Erythrozyten.

Abnahme der Kerngröße als schließlich kernlose Zellen Erythrozyten. Ihre Lebensdauer beträgt rund 120 Tage, was sich durch Indizierung mit radioaktiven Isotopen nachweisen läßt. Mit anderen Worten: In etwa vier Monaten wird unser gesamter Bestand an roten Blutkörperchen, die ganzen rund 2,4 kg, ausgetauscht. Bei einer Gesamtzahl von $25 \cdot 10^{12}$ sind das immerhin $2,4 \cdot 10^6$ pro Sekunde.

Am Ende ihrer Lebensdauer werden die Erythrozyten von besonderen Zellen im Knochenmark phagozytiert, d. h. gefressen. Wie uns das allmähliche Vergehen eines als blauer Fleck wohlbekannten Blutergusses zeigt, kann auch das Gewebe rote Blutkörperchen abbauen.

Es besteht ein ausgeprägter Zusammenhang zwischen Sauerstoffgehalt – genauer Sauerstoffpartialdruck (vgl. 4.5.1) – im atmenden Gewebe und Neubildung (Erythropoese) von Erythrozyten: Ein Absinken des O_2-Partialdruckes bzw. Auseinanderklaffen von O_2-Bedarf und -Angebot führt zu einer gesteigerten Erythropoese-Rate (sekündlich gebildete Zahl von Erythrozyten). Diese Beeinflussung erfolgt über ein Hormon (Erythropoetin), dessen Bildung und Ausschüttung mit den Nieren in Zusammenhang stehen dürfte (vgl. [5]).

4.4.4 Bestandteile, Hämoglobin

Die Erythrozyten bestehen massemäßig hauptsächlich aus Wasser und dem roten Blutfarbstoff Hämoglobin, der 34 % ihrer Feuchtmasse und 90 % der Trockenmasse ausmacht (vgl. [5]). Die vorhin genannte Gesamtmasse an Erythrozyten von 2,4 kg bedeutet dann eine Gesamtmasse an Hämoglobin von etwa 0,8 kg. Diese Menge kann bei voller Oxygenation des Hämoglobins 1,12 Liter Sauerstoff binden und transportieren (vgl. [1]).

Hämoglobin (kurz Hb) gehört zu den Chromo- bzw. Metallproteiden. Sein Molekül baut sich aus dem Protein Globin und dem sogenannten Häm auf. Dieses Häm ist die eigentliche Wirkgruppe für die Bindung von Sauerstoff. Die prinzipiellen Zusammenhänge können wir uns anhand von Bild 21, das die Strukturformel des Häm enthält, klarmachen:

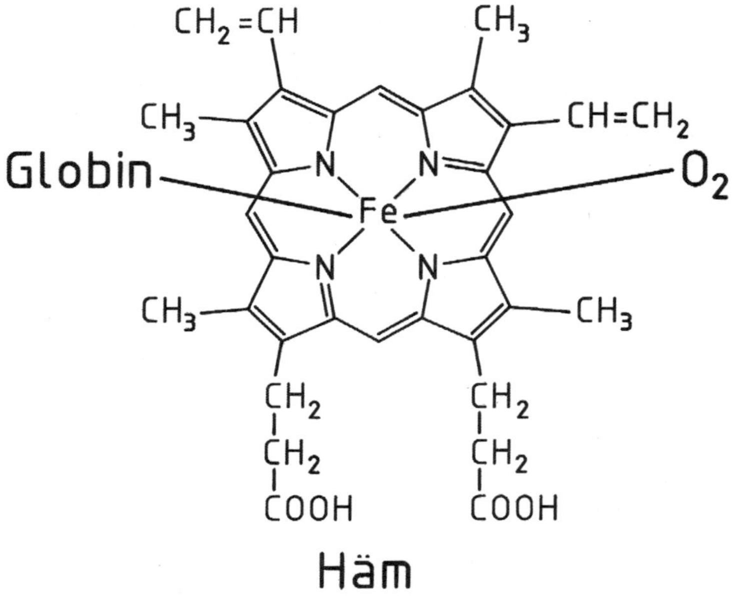

Bild 21. Monomer des Hämoglobins. Das Hämoglobinmolekül besteht aus vier derartigen Monomeren. Die eigentliche Wirkgruppe für die Bindung von Sauerstoff O_2 ist das Häm mit einem zentralen Eisenatom Fe. Entsprechend seiner Koordinationszahl 6 kann das Eisenatom als sog. Liganden über 4 Stickstoffatome N einen Porphyrinring, das Globinmolekül und Sauerstoff O_2 anlagern.

Ein zentrales Eisenatom als zweiwertiges Ion ist von einem Porphyrinring umgeben. Dieses zentrale Eisenion besitzt die für Eisen typische Koordinationszahl 6.

Zur Erinnerung:

Ein zentrales Metallatom oder -ion kann um sich herum Moleküle oder Ionen – sogenannte Liganden – anlagernd gruppieren, um unter Benutzung von Liganden-Elektronen seine eigene Elektronenkonfiguration in Richtung der nächsthöheren abgeschlossenen Elektronenschale (Edelgasschale) zu komplettieren. Die Zahl der dabei möglichen Liganden ist die sogenannte Koordinationszahl. Sie ist entscheidend durch die Möglichkeit bestimmter geometrischer Anordnungen der Liganden um das Zentralatom herum bestimmt. In vielen Fällen treffen wir auf die Koordinationszahl 6. Dabei befindet sich das Zentralatom (z. B. Fe^{2+}) in der Mitte eines Oktaeders und die sechs Liganden an dessen Ecken.

Wie wir der zweidimensionalen Darstellung von Bild 21 für Oxyhämoglobin (kurz HbO_2) entnehmen, sind gemäß der Koordinationszahl 6 des Fe^{2+} an das zentrale Eisenion der Porphyrinring, das Globin sowie ein Sauerstoffmolekül O_2 gebunden. Da es sich hier – anders als bei einer echten Oxidation – um eine Anlagerung von Sauerstoff ohne Wertigkeitsänderung handelt, wird die Sauerstoffaufnahme des Hämoglobins als Oxygenation bezeichnet, die Sauerstoffabgabe zur Abgrenzung gegenüber einer echten Reduktion als Desoxygenation.

Die desoxygenierte Form des Hämoglobins erhalten wir, wenn wir den Sauerstoff O_2 durch Wasserstoffionen H^+ ersetzen: Abgabe und Aufnahme von Sauerstoff erfolgen im Austausch gegen Wasserstoffionen. Bei der Abgabe von vier Sauerstoffmolekülen O_2 durch das Hämoglobin-Gesamtmolekül – über dieses Gebilde sprechen wir sofort –, werden dafür zwei Wasserstoffionen (Protonen) aufgenommen. Und die werden wieder frei, wenn das gesamte Hämoglobinmolekül in der Lunge wieder vier Sauerstoffmoleküle aufnimmt (vgl. [8]).

Bild 21 betrifft das Monomer des Hämoglobins. Das vollständige Hämoglobinmolekül setzt sich aus vier derartigen Grundeinheiten zusammen und besitzt daher vier Hämgruppen. Bei dem Globin des Moleküls, das wir im wesentlichen bereits in den Grundeinheiten antreffen, handelt es sich um große Peptidketten, die ganz entscheidend zu dem hohen Molekulargewicht einer Grundeinheit von 16100 beitragen. Das gesamte Molekulargewicht bekommen wir daraus zu etwa 64500 (vgl. [5]).

Zur Erinnerung:

Aminosäuren

Organische Säuren, die die Aminogruppe-NH_2 enthalten, werden als Aminosäuren bezeichnet. Sie enthalten also zwei funktionale Gruppen: als Säuregruppe die Karboxylgruppe

$$
\begin{array}{c}
O \\
\parallel \\
-C-OH
\end{array}
$$

der organischen Säure und als Basengruppe die Aminogruppe-NH_2. Damit sind die Aminosäuren amphotere Verbindungen, d. h., sie können sowohl mit Säuren als auch mit Basen Salze (Ester) bilden. Sie haben die allgemeine Formel

$$
\begin{array}{c}
\quad\; H \;\; O \\
\quad\; | \;\;\; \parallel \\
R-C-C-OH\;. \\
\quad\; | \\
\quad NH_2
\end{array}
$$

R kann dabei ein aliphatischer Rest (Kettenkohlenwasserstoffrest) sein. Die Stellung der NH_2-Gruppe von der Karboxylgruppe an wird mit α, β, … gekennzeichnet. Die wesentlichsten Bausteine der Eiweißstoffe sind α-Aminosäuren. Sie gehören damit zu den am meisten verbreiteten organischen Stoffen überhaupt.

Peptide

Wegen ihres eben wieder ins Gedächtnis gebrachten amphoteren Charakters, können Aminosäuren auch mit sich selbst reagieren, nämlich unter Wasserabspaltung die Karboxylgruppe eines Moleküls mit der Aminogruppe eines anderen Moleküls:

$$\cdots - \underset{\underset{\textstyle H}{|}}{\overset{\overset{\textstyle O}{\|}}{C}} - OH + N - \cdots \;\rightarrow\; \cdots - \overset{\overset{\textstyle O}{\|}}{C} - \overset{\overset{\textstyle H}{|}}{N} - \cdots + H_2O \;.$$

Zwischen beiden Partnern entsteht die durch die Klammer angedeutete sogenannte Peptidbindung, das Reaktionsprodukt wird als Peptid bezeichnet. Sein Molekül (nicht ausgeschrieben) enthält immer noch, wie wir leicht überlegen, von einem Reaktionspartner eine Karboxylgruppe, vom anderen eine Aminogruppe. Damit sind in einer Reaktionskette weitere Peptidbindungen möglich, die zu großen Peptidketten (Polypeptiden) führen können. Eiweiße sind Peptidketten mit über 100 Aminosäurebausteinen.

Aus bisherigen Zahlenangaben über das Hämoglobin können wir abschließend noch für spätere Verwendung die Zahl n_{Hb} der Hämoglobinmoleküle in einem Erythrozyten ermitteln. Mit

- gesamte Hämoglobinmenge im Körper = 800 g
- gesamte Erythrozytenzahl im Körper = $25 \cdot 10^{12}$
- Molekulargewicht des Hämoglobins = 64500
- *Loschmidt*sche Zahl = $6{,}02 \cdot 10^{23}$ (g-mol)$^{-1}$

bekommen wir

$$n_{Hb} = \frac{800}{64500} \; \frac{6{,}02 \cdot 10^3}{25 \cdot 10^{12}} \approx 3 \cdot 10^8 \;.$$

4.5 Bindungskurven der Atemgase

Von entscheidender Bedeutung für das biologisch sinnvolle Funktionieren des Atemgastransportes ist die dahintersteckende Logistik. Sie findet ihren Niederschlag in den funktionalen Abhängigkeiten (Bindungskurven) zwischen Atemgasangebot und -bindung im Blut. Natürlich greifen hierbei zahlreiche Faktoren ineinander.

Ehe wir uns diesen Zusammenhängen zuwenden, im folgenden Abschnitt zunächst einige Begriffe und Gesetzmäßigkeiten, die uns bei der Beschäftigung mit den Atemgasen immer wieder begegnen werden.

4.5.1 Partialdruck und Löslichkeit

In den Lungenbläschen (Alveolen) verbinden die Alveolarwände, genauer die Wände ihrer Kapillaren, eine gasförmige mit einer flüssigen Phase, nämlich die Atemluft mit dem Blutplasma in den Lungenkapillaren. Es leuchtet ein, daß es bei einem solchen Gasaustausch sehr praktisch ist, die Gaskonzentration in beiden Phasen mit demselben Maß zu messen. Auf diese Weise hat sich die Angabe des Gasgehaltes als Partialdruck eingebürgert. Für die Atemluft ist das sofort klar, z. B. für ihren Sauerstoffanteil:

Volumenanteil (Konzentration) cO_2 (%)

$$= \frac{\text{Sauerstoffdruck (Partialdruck) } pO_2}{\text{Gesamtluftdruck}} \cdot 100.$$

Wie sieht es aber bei einer Flüssigkeit aus, über der sich ein Gas befindet, z. B. Luft über Blutplasma bzw. Wasser? Zur Beantwortung dieser Frage werfen wir einen Blick auf die Prinzipdarstellung von Bild 22. Dort erzeugen wir mit einem Kolben und einem Gewicht im Gasraum über einer Flüssigkeit Druck. Das Manometer zeigt unter Berücksichtigung des Volumenanteiles »unseres« Gases im Gemisch bereits nur dessen Partialdruck p_i

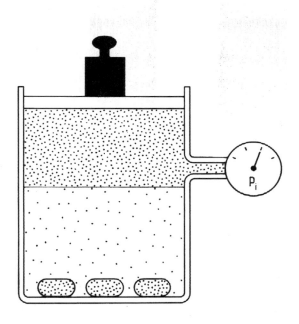

Bild 22. Gedankenversuch zum Partialdruck eines Gases. Unter dem Einfluß des Partialdruckes p_i eines Gases i – z. B. Sauerstoff O_2 – über einer Flüssigkeit wird Gas in der Flüssigkeit gelöst. Nach dem *Henry-Dalton*schen Gesetz stellt sich die Konzentration $c_i = \alpha_i p_i$ (α_i = *Bunsen*-Löslichkeitskoeffizient, temperaturabhängig) ein. Dementsprechend kann die Gaskonzentration c_i in der Flüssigkeit auch durch den Partialdruck p_i (z. B. pO_2) charakterisiert werden.

an. (Die großen Teilchen auf dem Boden der Flüssigkeit stellen Erythrozyten dar, auf die wir etwas später zu sprechen kommen werden). Die Dichte der Punkte soll die Konzentration des betrachteten Teilgases, also z. B. des Sauerstoffes, veranschaulichen.

Die Konzentration c_i eines solchen Teilgases i in der Flüssigkeit wird nun durch das *Henry-Dalton*sche Gesetz geregelt. Danach ist

$$c_i = \alpha_i \cdot p_i \, ,$$

wobei α_i der sogenannte *Bunsen*-Löslichkeitskoeffizient ist. Dieses einfache Gesetz beschreibt das Eindringen von Gasgemischen – natürlich als Grenzfall auch eines Einzelgases – in eine kondensierte Phase, also in eine Flüssigkeit oder einen festen Stoff, durch Diffusion und somit einen physikalischen Lösungsvorgang. Wir können auch von Absorption sprechen.

Damit hängt der *Bunsen*-Löslichkeitskoeffizient naturgemäß davon ab, welches Gas in welches Lösungsmittel diffundiert und bei welcher Temperatur das passiert. Er wird angegeben in Milliliter Gas/Milliliter Lösungsmittel pro physikalische Atmosphäre atm ($= 760$ mm Hg $= 101,3$ kPa, vgl. 3. Maßeinheiten), d. h., wir können auch sagen pro 101,3 kPa.

Hier einige Beispiele für α_i, die uns gleichzeitig die starke Temperaturabhängigkeit dieses Koeffizienten erkennen lassen (vgl. [5], [7]):

	0 °C	20 °C	37 °C
O_2 in Wasser	0,047	0,030	0,024
O_2 in Blut			0,024
CO_2 in Wasser	1,65	0,85	0,57
CO_2 in Blut			0,49

Danach sind beispielsweise in Wasser von 20 °C bei 1 atm Sauerstoffdruck nur 3 Vol.-% Sauerstoff gelöst, bei 1 atm Luft über Wasser wegen des O_2-Gehaltes der Luft von etwa 20 % und dem entsprechend geringeren O_2-Partialdruck nur noch ungefähr

100

0,6 Vol.-%. Ein Gehalt, mit dem es Fische offenbar noch schaffen, ihren Sauerstoffbedarf zu decken.

Wieviel Sauerstoff kann nun in unserer Lunge gelöst werden? In den Alveolen herrscht keineswegs der Sauerstoffpartialdruck der uns umgebenden Luft, er ist vielmehr durch den Gaswechsel reduziert. Wir können für die Alveolarluft nur mit einem Sauerstoffpartialdruck von $pO_2 = 13,3$ kPa $= 100$ mm Hg $= 0,13$ atm rechnen (vgl. [1]). Dementsprechend lösen sich in der Lunge 0,003 ml O_2 in 1 ml Blutplasma zu einer O_2-Konzentration von 0,3 Vol.-%.

Der CO_2-Partialdruck macht nur die knappe Hälfte des O_2-Partialdruckes aus. Wegen des höheren Löslichkeitskoeffizienten ergibt sich trotzdem rund die zehnfache Konzentration gegenüber O_2. Allerdings wird, genaugenommen, CO_2 nicht physikalisch gelöst, sondern chemisch als Kohlensäure.

Wie wir eben gesehen haben, ist insbesondere der im Blut, genauer im Blutplasma, gelöste O_2-Anteil sehr gering. Aber: Er ist die Verbindung zwischen dem Sauerstoff in den Erythrozyten und dem Sauerstoff im Gewebe bzw. in der Atemluft, die jedes Molekül durchlaufen muß. Und er stellt die eigentlich reaktionsfähige Phase des Sauerstoffes dar.

Wir wollen das CO_2 nicht außer acht lassen: Auch jedes Molekül dieses Atemgases muß den Zustand der Lösung im Blutplasma durchlaufen.

4.5.2 O_2-Bindungskurve

O_2-Bindungsfähigkeit des Hämoglobins

Ehe wir uns ansehen, wie sich die gebundene O_2-Menge über dem O_2-Angebot verteilt, wollen wir überlegen, welche maximale O_2-Menge überhaupt zur Verteilung kommen kann, mit anderen Worten: Wie groß ist die O_2-Bindungskapazität? Wir sprechen hier zunächst vom Hämoglobin. Wir erinnern uns: Das Hämoglobinmolekül besteht aus vier Monomeren Hb. Jedes nimmt bei Oxygenation ein O_2-Molekül auf, und das Hämoglobinmolekül wird zu Hb $(O_2)_4$. Wir haben also die Reaktion

$$Hb + 4 O_2 \rightleftarrows Hb (O_2)_4$$

für Oxygenation und Desoxygenation. Diese Gleichung bedeutet: 1 Mol Hämoglobin = $64{,}4 \cdot 10^3$ g bindet 4 Mol Sauerstoff = $4 \cdot 22{,}4 \, l$ (Molvolumen) = $89{,}6 \cdot 10^3$ ml. Für die Bindungskapazität des Hämoglobins bekommen wir also

$$\frac{89{,}6 \cdot 10^3}{64{,}4 \cdot 10^3} = 1{,}39 \text{ ml } O_2/\text{g Hämoglobin.}$$

Messungen liegen etwas unter diesem theoretischen Wert. In der Praxis wird mit 1,34 gearbeitet (vgl. [5]).

Als Gesamtmasse an Hämoglobin hatten wir 800 g ausgerechnet. Verteilt auf fünf Liter Blut, ergibt 0,16 g Hämoglobin/ml Blut. Damit können maximal $0{,}16 \cdot 1{,}34 = 0{,}21$ ml O_2/ml Blut = 21 Vol.-% gebunden werden. Für die maximale Konzentration des im Plasma gelösten Sauerstoffes hatten wir 0,3 Vol.-% erhalten. Die Bindungsfähigkeit mit Hilfe des Hämoglobins ist also 70mal größer als die Lösungsfähigkeit des Plasmas. Es genügt also, wenn wir uns auf die Hämoglobinkapazität beschränken. Das ändert nichts an der Bedeutung der gelösten O_2-Phase als O_2-Transmitter zwischen Erythrozyten und Gewebe bzw. Atemluft, bei der Ausbildung von O_2-Gleichgewichten und als eigentlich reaktive Phase.

O_2-Sättigung

Wir kommen nun auf Bild 22 zurück und sehen uns die Erythrozyten in der Flüssigkeit näher an. Diese Erythrozyten nehmen aus der Flüssigkeit – darin wollen wir das Blutplasma sehen und in p_i den O_2-Partialdruck pO_2 – Sauerstoff auf und binden ihn an ihr Hämoglobin. Der sich dabei einstellende Konzentrationsunterschied zwischen Erythrozyten und Plasma kann erheblich sein, wie uns die Punktdichten vor Augen führen sollen. Und in der Tat: Für das Verhältnis der blutvolumenbezogenen O_2-Konzentrationen hatten wir soeben den Wert 70 ausgerechnet. Allerdings für die Hämoglobinkapazität, genauer für praktisch völlige Ausnutzung der O_2-Bindungskapazität, die, wie wir jetzt hinzufügen wollen, bei der O_2-Beladung in der Lunge erfolgt.

Es ist üblich, die Ausnutzung der Bindungskapazität des Blutes bzw. des Hämoglobins als sogenannte Sättigung S, im Falle des Sauerstoffes S_{O_2}, anzugeben. Darunter wird der Anteil der Oxyhämoglobinkonzentration an der gesamten Hämoglobinkonzentration im Blut verstanden, also

$$S_{O_2}(\%) = \frac{\text{Konzentration Hb}(O_2)_4}{\text{Konzentration Hb} + \text{Konzentration Hb}(O_2)_4} \cdot 100.$$

Nun können wir sagen: Das Verhältnis der blutvolumenbezogenen O_2-Konzentration von Hämoglobin und Plasma hat den Wert 70 für $S_{O_2} \approx 1$. Und

$$O_2\text{-Gehalt} = O_2\text{-Bindungskapazität} \cdot S_{O_2},$$

die maximale Bindungsfähigkeit = O_2-Kapazität hatten wir vorausgehend zu 21 Vol.-% ermittelt, also ist

$$O_2\text{-Gehalt (Vol.-\%)} = 21 \cdot S_{O_2} (\%)/100.$$

Hämoglobin ist in seiner desoxygenierten Form dunkelrot, oxygeniert dagegen hellrot. Diesen Unterschied kann sich die Oxymetrie zunutze machen und aus der Absorption von rotem Licht die Sättigung bestimmen.

Die sich anhand von Messungen mit Hämoglobinlösungen und Erythrozytensuspensionen (vgl. [10]) ergebende charakteristische Abhängigkeit der O_2-Sättigung vom Sauerstoffpartialdruck pO_2 – die O_2-Bindungskurve des Hämoglobins – zeigt uns Bild 23 (Kurve Hb, vgl. [1], [2], [5], [10]). Dabei wollen wir uns daran erinnern (vgl. 4.5.1), daß der Sauerstoffpartialdruck pO_2 für die O_2-Konzentration des umgebenden Mediums, im Blut also des Plasmas, steht. Die in der Lunge normalerweise erreichte Sättigung ist etwa 97 %. Mit dieser Sättigung wird das arterielle Blut durch Arterien und Arteriolen hindurch zu den Kapillaren transportiert: Die Wandstruktur von Arterien und Arteriolen haben

wir vorausgehend genauer untersucht, hier kann kaum Sauerstoffabgabe durch die Wände hindurch stattfinden (von Spezial-
fällen arterieller O_2-Diffusion, z. B. bei der Augenlinse, sehen
wir hier ab). Das Blut kommt also praktisch mit voller Sättigung
in den Kapillaren an.

Die Wandstruktur der Kapillaren sieht, wie wir uns erinnern,
ganz anders aus. Sie ermöglicht den Gasaustausch, ja, sie ist für
den Stoff- und Gasaustausch »geschaffen«. Hier nun kann der
Sauerstoff durch die Kapillarwand hindurch in die interstitielle
Flüssigkeit des Gewebes übertreten und zu den Zellen gelangen,
nachdem er vorher vom Hämoglobin der Erythrozyten in die Lö-
sungsphase des Blutplasmas entlassen wurde.

Im Normalfall und unter den Bedingungen körperlicher Ruhe
fällt die Sättigung von 97 % bei $pO_2 = 13,3$ kPa $= 100$ mm Hg
(vgl. 4.5.1) vom arteriellen bis zum venösen Ende der Kapillaren
auf etwa 73 % bei im Mittel $pO_2 = 5,3$ kPa $= 40$ mm Hg ab (vgl.
[5]), die beiden Drücke können wir dementsprechend auch als
arteriellen bzw. venösen Ruhe-pO_2 bezeichnen.

Die Änderung der Sättigung, die wir auch in Bild 23 eingetragen finden, beträgt dann

$$\Delta S_{O_2} = 97\% - 73\% = 24\%\text{-Punkte.}$$

Bezogen auf die volle Sättigung $(S_{O_2})_{max} = 97\%$, sind das

$$\frac{\Delta S_{O_2}}{97} = \frac{24}{97} \cdot 100 = 25\%.$$

Mit anderen Worten heißt das: Die relative Sauerstoffausschöpfung, die dem Gewebe zur Verfügung steht,

$$\frac{\Delta S_{O_2}}{(S_{O_2})_{max}}$$

beträgt nur 25 %, die restlichen 75 % fließen mit dem venösen
Blut ab. Als Gehaltsänderung ausgedrückt:

$$\text{Änderung } O_2\text{-Gehalt} = 21\% \cdot 0,97 \cdot 0,25 = 5\%\text{-Punkte.}$$

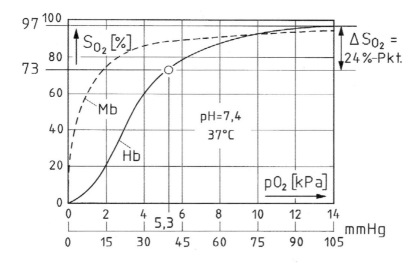

Bild 23. Die O_2-Bindungskurven von Hämoglobin Hb und Myoglobin Mb. Die Ausnutzung der O_2-Bindungskapazität des menschlichen Blutes bzw. von dessen Hämoglobin wird durch die sog. Sättigung (O_2-Sättigung) S_{O_2} (in %) charakterisiert. Darunter wird das Verhältnis der Konzentration des oxygenierten Hämoglobins zur Gesamtkonzentration des Hämoglobins × 100 verstanden. In der Lunge findet O_2-Beladung bis S_{O_2} = 97% statt, in den Kapillaren im Normalfall und bei körperlicher Ruhe O_2-Entladung auf S_{O_2} = 73%, die Ausschöpfung der Bindungskapazität (Sättigungsänderung ΔS_{O_2}) beträgt also nur 24%-Punkte.

Wir haben also eine arterio-venöse Änderung des O_2-Gehaltes von etwa 20 Vol.-% auf 15 Vol.-%, die wieder abfließen.

Sowohl der obere als auch der untere Sättigungswert bzw. die zugehörigen Drücke – der arterielle Ruhe-pO_2 und der venöse Ruhe-pO_2 – können sich mit zunehmendem Alter oder krankheitsbedingt merklich ändern.

Das muß allerdings nicht unbedingt eine starke Verringerung der Sauerstoffausschöpfung bedeuten, ein starker Abfall des arteriellen Ruhe-pO_2 im flachen Teil der Bindungskurve kann auch durch einen verhältnismäßig wenig erniedrigten venösen Ruhe-pO_2 im steilen Kurvenbereich hinsichtlich der Sauerstoffausschöpfung ΔS_{O_2} weitgehend kompensiert werden.

Der biologische Sinn der Kurvenform von Bild 23 leuchtet sofort ein: Der flache Teil im oberen O_2-Partialdruckbereich reduziert die Abhängigkeit der Sättigung von Luftdruckschwankungen bei normalem Luftdruck, aber auch von Veränderungen durch Höhenunterschiede. Er mildert auch die Auswirkungen alters- oder krankheitsbedingter Abnahme des arteriellen Ruhe-pO_2, so daß in solchen Fällen der obere O_2-Sättigungswert statt etwa 97 % – z. B. bei einem Ruhe-pO_2 von 8 kPa (60 mm Hg) – immerhin noch 90 % betragen kann. Der steile Bereich sorgt für flexible Anpassung der O_2-Versorgung an die Bedürfnisse des Gewebes. So wird beispielsweise dem gesteigerten O_2-Bedarf bei einer körperlichen Anstrengung, der zu einem Abfall des venösen pO_2 um z. B. nur 0,7 kPa (5 mm Hg) führt, schon mit einer S_{O_2}-Absenkung um 7 %-Punkte auf 66 % entsprochen (vgl. [5]).

Das Zustandekommen der Kurvenform wird mit der Molekularstruktur des Hämoglobins in Verbindung gebracht (vgl. [8]), worauf wir bei der Diskussion von Magnetfeldeffekten zurückkommen werden (5.5). Die Kurve (Hb in Bild 23) selbst, die das Sauerstoffgeschehen im Gewebe so stark bestimmt und anhand deren wir hier die Sauerstoffdiskussion führen, wird als O_2-Bindungskurve bezeichnet.

106

Myoglobin

In Bild 23 ist gestrichelt eine weitere Bindungskurve Mb eingetragen, die Bindungskurve des Myoglobins Mb (vgl. [2], [5]). Es ist dem Hämoglobin, oder besser dem Monomeren des Hämoglobins, sehr ähnlich. Sein Molekül besteht nur aus einer einzigen Peptidkette mit ihrer Hämgruppe. Das Myoglobin nimmt im Muskelgewebe zunächst den von den Erythrozyten kommenden Sauerstoff als Zwischenlager auf und gibt ihn dann an die Mitochondrien (vgl. 6.2.7) ab, jene Organe innerhalb der Zellen, in denen die energieliefernde Umsetzung von Substrat, z. B. Traubenzucker (Glukose), mit Sauerstoff zu CO_2 und H_2O erfolgt und die wir daher als »Zellöfen« ansehen können.

Auch beim Myoglobin fällt uns die biologische Funktionalität der Bindungskurve sofort ins Auge: Das Myoglobin nutzt alle O_2-Anlieferungen aus, auch wenn der O_2-Partialdruck niedrig ist, und gibt durch seine kräftige Entsättigung bei tiefen Drücken Sauerstoff an diejenigen unter den Mitochondrien, die wirklich nur noch sehr wenig davon haben. Neben die Speicherfunktion tritt also die soziale Rolle des Verteilers nach Bedürftigkeit.

Einflußgrößen der O_2-Bindung des Hämoglobins

Wenn im Gewebe, etwa im arbeitenden Muskel, mehr Energie aus Glukose umgesetzt wird, nimmt die Konzentration der Wasserstoffionen H^+ im Blut zu, der als negativer Logarithmus der H^+-Konzentration definierte pH-Wert (»pondus hydrogenii«) dementsprechend ab.

Zur Erinnerung:

In reinem Wasser ist die Wasserstoffionenkonzentration (»Wasserstoffionenaktivität«) 10^{-7}mol H^+/Liter Wasser bzw. 10^{-7}g H^+/1000 g Wasser, der ph-Wert also 7. Die molaren Konzentrationen von H^+ (»sauer«) und OH^- (»alkalisch«) sind hier gleich, ph = 7 bedeutet also »neutral«.

Wir knüpfen beim Anstieg der H^+-Konzentration an. Er hängt mit der Entstehung von Kohlendioxid bei der Glukoseumsetzung mit nachfolgender Bildung von Kohlensäure zusammen.

Offenbar »versteht« das Hämoglobin die zunehmende H^+-Konzentration (Azidität) richtig als Indiz für gesteigerten O_2-Bedarf und verschiebt seine Bindungskurve nach rechts. Zu jedem pO_2-Wert gehört dann eine geringere Sättigung S_{O_2}, ΔS_{O_2} wird größer, das Hämoglobin kann mehr Sauerstoff abgeben. Bild 24 zeigt uns Bindungskurven für verschiedene pH-Werte (vgl. [5]). Der normale pH-Wert von menschlichem Blut liegt bei 7,4. Die Abhängigkeit der O_2-Bindungskurve vom pH-Wert wird *Bohr*-Effekt genannt.

Wegen des engen Zusammenhanges zwischen pH-Wert und CO_2-Gehalt könnten wir auch die Abhängigkeit der Bindungskurve vom CO_2-Gehalt darstellen. Sie verschiebt sich natürlich mit wachsendem CO_2-Gehalt nach rechts.

Eine vergleichbare Rechtsverschiebung tritt auch bei Erhöhung der Bluttemperatur auf.

In den Erythrozyten hängt die sich im Bindungsvermögen äußernde Affinität des Hämoglobins zum Sauerstoff neben dem Gehalt an H^+-Ionen auch von einem Stoff ab, der zu den im Zellstoffwechsel eine wichtige Rolle spielenden organischen Phosphaten gehört. Hier handelt es sich um 2,3-Diphosphoglycerinsäure (2,3-DPG), deren steigende Konzentration die O_2-Bindungskurve nach rechts verschiebt.

4.5.3 CO_2-Bindungskurve

Wir hatten bereits früher bei der Untersuchung des Hämoglobins davon gesprochen, daß das Hämoglobinmolekül bei der Abgabe von vier Molekülen O_2 im Gegenzug zwei Wasserstoffionen aufnimmt. Darin liegt der Schlüssel zum Verständnis des *Bohr*-Effektes. Dieser Zusammenhang ist aber auch von entscheidender Bedeutung für den CO_2-Transport aus dem Gewebe heraus in das Kapillarblut und damit für den Abtransport zur Lunge. Denn

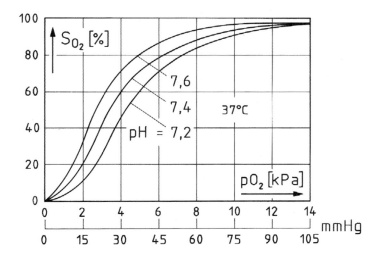

Bild 24. Die O_2-Bindungskurve des Hämoglobins Hb. Die Lage der Kurve (in Bild 23 Kurve Hb) hängt vom pH-Wert ab. Zunehmende H^+-Konzentration (Azidität) hängt mit der Entstehung von Kohlendioxid bei erhöhtem Energieumsatz zusammen. Dies wird als gesteigerter O_2-Bedarf »verstanden«: Die Bindungskurve verschiebt sich nach rechts, ΔS_{O_2} wird größer (vgl. Bild 23).

eine wirklich hohe CO_2-Löslichkeit wird erst durch die Bildung von Hydrogenkarbonationen HCO_3^-

$$CO_2 + H_2O \rightarrow H_2CO_3 \rightarrow HCO_3^- + H^+$$

geschaffen, und die kann nur ablaufen, wenn jemand da ist, der die Wasserstoffionen H^+ aufnimmt. Und genau diese Rolle übernimmt das desoxygenierte Hämoglobin. Der größte Teil des CO_2 kommt (über das Plasma) in die Erythrozyten, wo unter reaktionsbeschleunigender Mitwirkung eines Enzyms (Carboanhydrase) die voranstehende Hydrogenkarbonatbildung abläuft.

Durch den sogenannten Chloridshift wird HCO_3 im Austausch gegen Chlorionen wieder ins Blutplasma befördert, wo schließlich der Abtransport zur Lunge als $NaHCO_3$ stattfindet. Dadurch wird etwa die Hälfte des CO_2 abtransportiert. Knapp ein Drittel bleibt als Hydrogenkarbonat in den Erythrozyten, die es zur Lunge mitnehmen, und jeweils rund 10 % werden physikalisch gelöst bzw. an die Peptidkette des Hämoglobins gebunden weggebracht.

Ähnlich wie bei der O_2-Bindung finden hier die Zusammenhänge ihren Niederschlag in einer CO_2-Bindungskurve als Abhängigkeit des CO_2-Gehaltes im Blut vom CO_2-Partialdruck pCO_2. Beim Eintritt in die Kapillaren hat das (arterielle) Blut einen CO_2-Partialdruck von $pCO_2 = 5{,}3$ kPa $= 40$ mm Hg. Mit wachsendem CO_2-Partialdruck nimmt die gebundene CO_2-Menge immer weiter zu, da die Bildung von Hydrogenkarbonat praktisch unbeschränkt bleibt. Der Sättigungsbegriff ist hier also nicht möglich. Die CO_2-Bindungskurve hängt vom Sauerstoffgehalt, ausgedrückt durch S_{O_2}, ab. Ein Verhalten, dessen biologische Funktionalität uns unmittelbar einleuchtet. In Bild 25 finden wir die CO_2-Bindungskurve für $S_{O_2} = 97$ % und $S_{O_2} = 0$ dargestellt.

Auf dem Weg des Blutes durch die Kapillaren laufen dessen CO_2-Beladung und O_2-Entladung parallel zueinander ab. Entsprechend der S_{O_2}-Abnahme auf diesem Weg erfolgt die CO_2-Beladung – unter Zunahme der pCO_2-Werte – entlang der punktiert eingetragenen Kurve. Ihr oberster Punkt entspricht dann dem

110

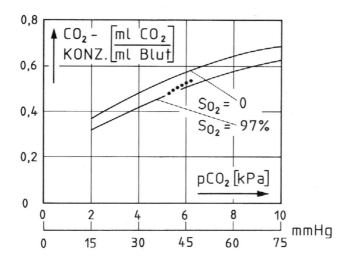

Bild 25. Die CO_2-Bindungskurve des Blutes. Die CO_2-Bindungskurve des menschlichen Blutes verschiebt sich etwas in Abhängigkeit von der O_2-Sättigung S_{O_2}. Das CO_2-Geschehen des Blutes spielt sich in den Kapillaren auf der punktierten »Betriebskurve« ab.

niedrigsten S_{O_2}-Wert, der bei der O_2-Entladung des Blutes während dessen Kapillarpassage erreicht wird, z. B. 73%. Bei tieferer O_2-Entladung – sie wird uns unter 5.3.2 als wichtiger Effekt beschäftigen – verlängert sich die Kurve entsprechend. Gedachter Grenzfall: Erreichen der oberen, für $S_{O_2} = 0$ geltenden CO_2-Bindungskurve.

5. Magnetfeldabhängigkeit der Atmungsfunktion des Blutes

Nachdem wir uns vorausgehend mit den nötigen Grundlagen des Magnetismus und der Physiologie des Blutes vertraut gemacht haben, fällt es uns nun, dergestalt gut vorbereitet, entsprechend leicht, die Frage zu beantworten: Welche Effekte können wir erwarten, wenn wir von Blut durchströmte Gefäße einem Magnetfeld aussetzen?

5.1 Magnetische Energie der Erythrozyten

Zur Beantwortung der eben gestellten Frage wollen wir zunächst die Energie der Erythrozyten in einem Magnetfeld H ermitteln. Dazu greifen wir auf die unter 2.2.4 angegebene Energiebeziehung

$$E = - \frac{\chi_m \cdot \mu_o}{2} \ H^2 \cdot dV$$

für einen Probekörper mit dem Volumen dV und der Suszeptibilität χ_m zurück. Für die Anwendung dieser Beziehung auf Erythrozyten müssen wir zunächst noch einige Modifizierungen vornehmen.

5.1.1 Wirksame magnetische Suszeptibilität

Bei der voranstehenden Energiebeziehung hatten wir stillschweigend vorausgesetzt, daß sich der Probekörper in einer Umgebung mit $\chi_m = 0$ (Luft, Vakuum) befindet. Wenn wir nun einen Erythrozyten als Probekörper identifizieren wollen, so müssen wir auch bedenken, daß dessen Umgebung keineswegs mehr Luft, sondern ein vorwiegend wäßriges Medium (Blutplasma) mit der von Null verschiedenen Suszeptibilität $\chi_{m,w}$ ist. In der Energiebeziehung haben wir dann χ_m durch die Differenz aus Suszeptibilität $\chi_{m,E}$ der Erythrozyten und der Suszeptibilität $\chi_{m,w}$ der Umgebung

$$\Delta\chi_m = \chi_{m,E} - \chi_{m,w}$$

zu ersetzen. Das leuchtet unmittelbar ein: Im Falle der Gleichheit der Suszeptibilität von Probekörper und Umgebung würden beide eine magnetisch homogene Einheit bilden, so daß der Probekörper in seiner Umgebung »magnetisch unsichtbar« wäre, also energetisch in bezug auf seine Umgebung unwirksam.

Aber nicht nur die Erythrozyten befinden sich in einer wäßrigen Umgebung. Auch das Hämoglobin hält sich – dem hohen Wasseranteil der Erythrozyten entsprechend (vgl. 4.4.4) – innerhalb der Erythrozyten in einer Umgebung auf, die ganz überwiegend aus Wasser besteht und deren übrige Bestandteile wir, wie beim Blutplasma auch, bei unseren magnetischen Betrachtungen vernachlässigen wollen. Die energetischen Konsequenzen sehen wir sofort:

Die Differenz der Suszeptibilitäten zwischen dem wäßrigen Anteil der Erythrozyten und der wäßrigen Umgebung (Plasma) ist praktisch Null, der Energiebeitrag dieses Wasseranteils der Erythrozyten also auch. Für die magnetische Energie der Erythrozyten behalten wir somit nur den Beitrag der Suszeptibilität $\chi_{m,Hb}$ des Hämoglobins übrig, und wir haben

$$\Delta\chi_m = \chi_{m,Hb} - \chi_{m,w}$$

in die Energiebeziehung einzusetzen.

5.1.2 Wirksames Volumen

Wenn wir energetisch nur den Hämoglobinanteil der Erythrozyten berücksichtigen, so dürfen wir dann in der Energiebeziehung für das Volumen dV des Probekörpers natürlich auch nicht das volle Erythrozytenvolumen V_{Ery} einsetzen, sondern lediglich das Hämoglobinvolumen V_{Hb} innerhalb eines Erythrozyten. Wir erhalten dieses Volumen durch folgende einfache Betrachtung:

Das Volumen V_{Ery} eines Erythrozyten setzt sich – jedenfalls in guter Näherung – zusammen aus den Volumina V_{Hb} und V_w seines Hämoglobins und seines wäßrigen Anteils, also

$$V_{Ery} = V_{Hb} + V_w.$$

Wir bezeichnen die Masse des Hämoglobins in einem Erythrozyten mit M_{Hb}, die Dichte mit ϱ_{Hb} und entsprechend die Masse des wäßrigen Anteils mit M_w und dessen Dichte mit ϱ_w. Dann bekommen wir aus unserem voranstehenden Ansatz nunmehr

$$V_{Ery} = \frac{M_{Hb}}{\varrho_{Hb}} + \frac{M_w}{\varrho_w}$$

und daraus die Dichte des Hämoglobins

$$\varrho_{Hb} = \frac{M_{Hb}}{V_{Ery} - \dfrac{M_w}{\varrho_w}}.$$

Nun wissen wir aber, daß der Feuchtmasseanteil des Hämoglobins am Erythrozyten 34 % beträgt (vgl. 4.4.4). Da ferner Masse = Dichte × Volumen ist, bekommen wir insgesamt

$$\varrho_{Hb} = \frac{0,34\, \varrho_{Ery} V_{Ery}}{V_{Ery} - \dfrac{(1-0,34)\varrho_{Ery} V_{Ery}}{\varrho_w}} = \frac{0,34}{\dfrac{1}{\varrho_{Ery}} - \dfrac{0,66}{\varrho_w}},$$

wobei wir noch die Dichte ϱ_{Ery} der Erythrozyten eingeführt haben. Mit $\varrho_{Ery} = 1,097 \cdot 10^3$ kg m^{-3} (vgl. 4.4.1) und wenn wir für ϱ_w die Dichte des Wassers mit 10^3 kg m^{-3} einsetzen, erhalten wir für die Hämoglobindichte

$$\varrho_{Hb} = 1,35 \cdot 10^3 \text{ kg m}^{-3} = 1,35 \text{ g cm}^{-3},$$

in guter Übereinstimmung mit Literaturangaben (vgl. [9]).

Die Hämoglobindichte werden wir anschließend für die Umrechnung der spezifischen Suszeptibilität des Hämoglobins in dessen Suszeptibilität benötigen. Hier liefert sie uns erst einmal das Hämoglobinvolumen V_{Hb} im Erythrozyten. Wir gehen wieder von 34 % Gewichtsanteil aus

$$M_{Hb} = 0,34 \, M_{Ery},$$

was gleichbedeutend ist mit

$$\varrho_{Hb} V_{Hb} = 0,34 \, M_{Ery} = 0,34 \, \varrho_{Ery} V_{Ery},$$

also

$$V_{Hb} = 0,34 \, \frac{\varrho_{Ery}}{\varrho_{Hb}} \, V_{Ery}$$

und mit den eben angegebenen Dichtewerten

$$V_{Hb} = 0,276 \, V_{Ery}.$$

Nun sind wir komplett und können die magnetische Energie für einen Erythrozyten hinschreiben:

$$E_{Ery} = - \frac{\Delta\chi_m \cdot \mu_o}{2} \, H^2 \cdot 0,276 \cdot V_{Ery}$$

mit

$$\Delta\chi_m = \chi_{m,Hb} - \chi_{m,w}.$$

5.1.3 Magnetische Suszeptibilität des Hämoglobins

Hier können wir uns auf Literaturangaben [10] stützen. Dabei stoßen wir auf eine außerordentlich bedeutungsvolle Tatsache, die wir aufgrund unserer unter 2.2.6 angestellten Überlegungen zum Diamagnetismus und dessen Suszeptibilität erwarten konnten, nämlich:

116

Oxygeniertes Hämoglobin und desoxygeniertes Hämoglobin haben deutlich unterschiedliche Suszeptibilitäten. Und zwar liefern Untersuchungen an Rinderblut für die spezifische Suszeptibilität die Werte:

Für oxygenierte Erythrozyten

$$\chi_{g,Hb}^{ox} = -0{,}690 \cdot 10^{-6} \text{ (cgs)}$$
$$= -8{,}67 \cdot 10^{-9} \text{ (SI)},$$

für desoxygenierte Erythrozyten

$$\chi_{g,Hb}^{desox} = -0{,}492 \cdot 10^{-6} \text{ (cgs)}$$
$$= -6{,}18 \cdot 10^{-9} \text{ (SI)}.$$

Für unsere Energiebeziehung der Erythrozyten rechnen wir noch mit Hilfe der vorhin ermittelten Hämoglobindichte ϱ_{Hb} in die Werte der Suszeptibilität um und bekommen in wiederum unmittelbar verständlicher Bezeichnungsweise

$$\chi_{m,Hb}^{ox} = -8{,}67 \cdot 10^{-9} \varrho_{Hb} = -1{,}170 \cdot 10^{-5} \text{ (SI)}$$

$$\chi_{m,Hb}^{desox} = -6{,}18 \cdot 10^{-9} \varrho_{Hb} = -0{,}834 \cdot 10^{-5} \text{ (SI)}.$$

Wir gehen gleich noch einen Schritt weiter, nehmen für $\chi_{m,w}$ die Suszeptibilität des Wassers mit $-0{,}90 \cdot 10^{-5}$ (SI) und erhalten zum späteren Einsetzen in die Energiebeziehung der Erythrozyten:

Für oxygenierte Erythrozyten

$$\Delta\chi_m = \Delta\chi_m^{ox} = \chi_{m,Hb}^{ox} - \chi_{m,w} = -0{,}27 \cdot 10^{-5} \text{ (SI)},$$

für desoxygenierte Erythrozyten

$$\Delta\chi_m = \Delta\chi_m^{desox} = \chi_{m,Hb}^{desox} - \chi_{m,w} = 0{,}066 \cdot 10^{-5} \text{ (SI)}.$$

Noch ein Wort dazu, daß die angegebenen Suszeptibilitätswerte des Hämoglobins auf Untersuchungen an Rinderblut beruhen. Unterschiede zeigt bei den einzelnen Tierarten der Globinanteil, das Häm dagegen besitzt stets den gleichen Aufbau (vgl.

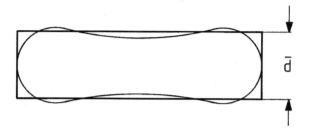

Bild 26. Erythrozytenvolumen. Zur näherungsweisen Berechnung des Erythrozytenvolumens werden die Erythrozyten durch eine Kreisscheibe mittlerer Dicke $\bar{d}$ angenähert.

118

[11]). Da aber gewisse Modifizierungen eines riesigen, rein organischen Moleküls, wie es das Globinmolekül darstellt, kaum Einfluß auf die Suszeptibilität haben – schon bei niedermolekularen, einander ähnlichen organischen Stoffen sind die Unterschiede zwischen ihren Werten der Suszeptibilität im allgemeinen gering –, können wir davon ausgehen, daß wir die angegebenen Suszeptibilitätswerte mindestens als gute Näherungswerte auch für menschliches Blut verwenden können.

5.1.4 Erythrozytenvolumen

Dieses Volumen bestimmen wir näherungsweise, indem wir, Bild 26 folgend, die Erythrozyten durch eine Kreisscheibe mittlerer Dicke $\overline{d}$ annähern. Dann haben wir

$$V_{Ery} = r^2 \pi \overline{d}$$

und mit $r = 3{,}75\ \mu m$ (vgl. Bild 20), $\overline{d} = 2{,}1\ \mu m$

$$V_{Ery} = 93\ (\mu m)^3 = 9{,}3 \cdot 10^{-17} m^3.$$

5.1.5 Energiebeziehung

Jetzt haben wir alle erforderlichen Werte zusammen, um in die Energiebeziehung einsetzen zu können. Wir erhalten als Energie der oxygenierten Erythrozyten

$$E_{Ery}^{ox} = 4{,}35 \cdot 10^{-29}\ H^2,$$

der desoxygenierten Erythrozyten

$$E_{Ery}^{desox} = -1{,}06 \cdot 10^{-29}\ H^2.$$

Die magnetische Feldstärke H hierin müssen wir in A/m einsetzen, die Energie erhalten wir in Wattsekunden W s = Joule J = Newtonmeter N m.

Als wichtiges Ergebnis halten wir fest:

Die magnetische Energie der Erythrozyten ist in ihrer desoxygenierten Form bedeutend kleiner als in ihrer oxygenierten Form.

Beispielsweise erhalten wir in einem Magnetfeld von $H = 10^4$ A/m

$$E_{Ery}^{ox} = 4,35 \cdot 10^{-21} \text{ W s}$$

und

$$E_{Ery}^{desox} = -1,06 \cdot 10^{-21} \text{ W s}.$$

Die in die Energiebeziehung eingegebenen Zahlenwerte sind naturgemäß mit gewissen Ungenauigkeiten behaftet – denken wir beispielsweise an die Berechnung des Volumens der Erythrozyten durch Annäherung ihrer tatsächlichen Gestalt als Kreisscheibe –, so daß wir sicher in den voranstehenden Energieangaben die dritte Stelle des Zahlenfaktors weglassen bzw. abrunden können.

Nachdem wir nunmehr herausgefunden haben, daß die magnetische Energie des Hämoglobins bzw. der Erythrozyten in oxygeniertem und in desoxygeniertem Zustand deutlich unterschiedliche Werte hat, und wir diese Werte auch abgeschätzt haben, wollen wir uns im folgenden mit den möglichen Auswirkungen hiervon auf die Atmungsfunktion des Blutes unter Magnetfeldeinfluß befassen.

5.2 Magnetischer Gefäßdruck

Wir hatten unter 2.2.5 in Verbindung mit Bild 10 überlegt, welche Kraft K auf einen Stab mit der Suszeptibilität χ_m und dem Querschnitt q wirkt, der teilweise in ein Magnetfeld H taucht, und

$$K = \frac{\chi_m \cdot \mu_o}{2} \, q \cdot H^2$$

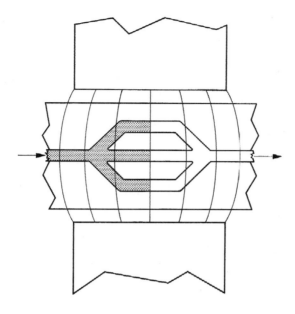

Bild 27. Zur Berechnung des magnetfeldinduzierten Gefäßdruckes. Schematische Darstellung von Kapillaren im Magnetfeld. Durch die O_2-Abgabe des Hämoglobins im Bereich der Kapillaren ändert sich dort seine Suszeptibilität. Deswegen entspricht das Blut der Gefäße einem ins Magnetfeld tauchenden Stab (Bild 10).

gefunden. Und genau diesen Fall haben wir vor uns, wenn sich ein Gewebebereich in einem Magnetfeld befindet, wir brauchen nur als Stab die Flüssigkeitssäule, die das Blut in seinen Gefäßen darstellt, zu identifizieren, entsprechend dem Schema von Bild 27.

Den voranstehenden Ausdruck für die Kraft hatten wir unter 2.2.5 als wegstreckenbezogene Änderung der magnetischen Energie des Stabes erhalten, die auftritt, wenn sich eines der beiden Stabenden im Magnetfeld befindet und wir uns den Stab und eine kleine Wegstrecke dx in seiner Längsrichtung verschoben denken, wenn sich also das Volumen seines im Magnetfeld befindlichen Teiles und damit seine magnetische Energie ändert.

In unserem nun vorliegenden Fall (vgl. Bild 27) taucht der durch die Flüssigkeitssäule des Blutes verkörperte Stab in das Magnetfeld ein und verläßt es auch wieder, hat also scheinbar kein Ende im Magnetfeld, und bei seiner Verschiebung in Form der Blutströmung werden wir auf den ersten Blick keine Energieänderung und Kraftwirkung erwarten.

Auf den zweiten Blick sieht die Sache anders aus: In den in Bild 27 schematisch angedeuteten Kapillaren als Zone des arterio-venösen Überganges wird, wie wir wissen, das Hämoglobin mindestens teilweise vom Sauerstoff befreit. Wir haben aber vorausgehend unter 5.1 gesehen, daß damit eine Änderung der magnetischen Suszeptibilität und der Energie verbunden ist. Nun hat unsere Flüssigkeitssäule also doch ein Ende im Magnetfeld, nämlich ein magnetisches Ende in Gestalt des »Suszeptibilitätssprunges« in den Kapillaren, und für die Energieänderung ist die Differenz der Suszeptibilität des oxygenierten und des desoxygenierten Hämoglobins maßgebend.

Welcher Gefäßdruck wird nun dadurch bewirkt, der evtl. den Stoffaustausch im Kapillarbereich beeinflussen könnte? Wir dividieren die voranstehende Kraftformel durch den Gefäßquerschnitt q und bekommen, unabhängig von q, den magnetisch erzeugten Gefäßdruck

$$P_{mag} = \frac{\chi_{m,Hb}^{ox} - \chi_{m,Hb}^{desox}}{2} \, 0{,}12 \cdot \mu_o \cdot H^2.$$

worin sich die Suszeptibilität des Wassers heraussubtrahiert hat. Durch den Faktor 0,12 haben wir berücksichtigt, daß der Volumenanteil des Hämoglobins am Blut (d. h. an dV, vgl. 2.2.5) nur etwa 12 % beträgt. Dies ergibt sich aus dem Erythrozytenanteil von 44 % (vgl. 4.4.1) und dem Hämoglobinanteil der Erythrozyten von 27,6 % (vgl. 5.1.2). Mit den uns bekannten Suszeptibilitätswerten und unter der Annahme vollständiger Desoxygenierung aller Erythrozyten in den Kapillaren bekommen wir

$$P_{mag} = 2,5 \cdot 10^{-13} \, H^2.$$

Dies liefert uns beispielsweise für $H = 10^4$ A/m einen magnetischen Druck im Blut von nur $2,5 \cdot 10^{-8}$ kPa. Dieser Druck ist so verschwindend niedrig, daß wir von ihm kaum physiologische Wirkungen erwarten werden.

5.3 O_2-Bindungskurve

5.3.1 *Boltzmannsches* Verteilungsgesetz

Diesen für unsere weiteren Überlegungen überaus wichtigen Zusammenhang können wir im hier gegebenen Rahmen nicht ableiten, uns wohl aber das Wesen seiner Aussage plausibel machen. Am besten anhand eines Beispieles.

Dazu stellen wir uns entsprechend Bild 28 eine dünne Schicht voller Luftmoleküle – durch Punkte angedeutet – dicht über dem Erdboden vor. Wie viele dieser Teilchen werden es schaffen, in die Schicht mit der Höhe h zu gelangen?

Angetrieben auf ihrem Flug nach oben werden die Teilchen von der Wärmebewegung, genauer von ihrer kinetischen Energie, die auch als thermische Energie bezeichnet wird. In der Thermodynamik wird gezeigt, daß diese Energie im Prinzip durch das Produkt kT gegeben ist, worin k die unter 3. angegebene *Boltzmann*-Konstante und T die (absolute) Temperatur bedeutet.

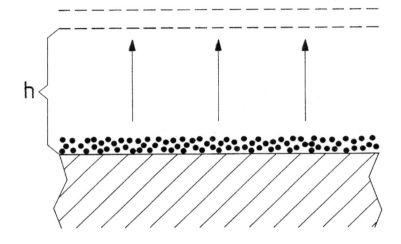

Bild 28. Zum *Boltzmann*schen Verteilungsgesetz. Gedankenversuch: Wie viele Teilchen (Luftmoleküle) werden es vom Erdboden aus – angetrieben von ihrer Wärmebewegungsenergie – schaffen, auf die Höhe h zu gelangen? Ergebnis: Volumenbezogen sind dies $N = N_0 e^{-u/kT}$ (u = h-abhängige = potentielle Teilchenenergie, k = *Boltzmann*-Konstante, T = absolute Temperatur, N_0 = Teilchenzahl in der Volumeneinheit bei h = 0, u = 0, d. h. am Erdboden).

Verbraucht wird die kinetische Teilchenenergie durch ihre Umwandlung in potentielle Energie: Jedes der Teilchen habe das Gewicht G. Dann ist (Kraft × Weg) die potentielle Energie, d. h. sein Energieabstand zum Erdboden $u = G \cdot h = m \cdot g \cdot h$ (m = Teilchenmasse, g = Erdbeschleunigung = 9,81 m s^{-2}).

Und nun können wir schon eine halbquantitative Aussage machen. Nämlich:

Die Zahl der Teilchen in der oberen Schicht wird um so geringer sein, je größer die Energie u (Höhe h) und je kleiner die durch kT gegebene kinetische Energie ist.

Den genauen Zusammenhang liefert uns in der Thermodynamik das *Boltzmann*sche Verteilungsgesetz. Danach ist die Zahl der Teilchen eines Systems – z. B. unserer oberen Luftschicht –, die von der thermischen Energie in einem Zustand mit der Energie u über dem Zustand, in den sie fallen möchten, gehalten, also z. B. im Falle der oberen Luftschicht am Herabfallen auf den Erdboden gehindert werden, proportional zur Exponentialfunktion.

$$e^{-\dfrac{u}{kT}}.$$

Für die volumenbezogene Teilchenzahl mit der Energie u haben wir dann

$$N = N_0 \cdot e^{-\dfrac{u}{kT}},$$

worin N_0 die Teilchenzahl in der Volumeneinheit bei u = 0 (z. B. für h = 0) bedeutet. Diese Beziehung regelt also die Verteilung der Energiezustände auf die Teilchen, so können wir sagen und uns damit die Bezeichnung Verteilungsgesetz verständlich machen.

Wir erlauben uns einen illustrierenden Seitenblick und runden unseren Gedankenversuch mit den Luftmolekülen noch durch Anwendung der voranstehenden Form des *Boltzmann*schen Verteilungsgesetzes ab. Statt N/N_0 können wir nämlich auch das Luftdruckverhältnis p/p_0 schreiben. Ferner läßt sich zeigen, daß

$m/kT = \varrho_0 p_0$ ist. Damit haben wir die bekannte barometrische Höhenformel

$$p = p_0 \cdot e^{-\frac{\varrho_0}{p_0} g h}$$

(p_0 = Luftdruck, ϱ_0 = Dichte der Luft am Erdboden) für die Abnahme des Luftdruckes mit der Höhe h, wonach sich mit zunehmender Höhe der Luftdruck alle 5,5 km halbiert.

5.3.2 Erythrozytenverteilung und O_2-Sättigung, magnetfeldinduzierte O_2-Abgabe

Das *Boltzmann*sche Verteilungsgesetz gilt nicht nur im molekularen Bereich, sondern kann auch auf deutlich größere Teilchen wie z. B. Erythrozyten angewandt werden. Das wollen wir jetzt machen.

Vereinfachtes Erythrozytenmodell

Entscheidend für die physiologische Wirkung des Magnetfeldes ist, daß oxygeniertes und desoxygeniertes Hämoglobin deutlich unterschiedliche Werte der magnetischen Energie besitzen und dementsprechend auch die Erythrozyten. Die magnetische Energie der desoxygenierten Erythrozyten ist, wie wir unter 5.1.5 gesehen haben, beträchtlich kleiner als die magnetische Energie ihrer oxygenierten Form. Um uns das Wesentliche der sich hieraus ergebenden Konsequenzen besonders deutlich vor Augen zu führen, wollen wir zunächst modellmäßig vereinfachend annehmen, daß die Erythrozyten nur zwei Zustände kennen: völlig oxygeniert oder völlig desoxygeniert.

Zunächst zur Erythrozytenverteilung:

Ähnlich wie die Luftmoleküle unseres Anschauungsbeispiels auf den Erdboden, möchten die Erythrozyten in ihren Zustand minimaler Energie herabfallen, also bei angelegtem Magnetfeld in die desoxygenierte Form übergehen. Sie werden daran, wie die

Luftmoleküle auch, durch den Gegenspieler ihrer Energie, die thermische Energie, gehindert. Die Wärmebewegung arbeitet gegen die Kräfte des Magnetfeldes.

Auf diese Weise werden von unseren Modellerythrozyten durch die thermische Energie nach dem *Boltzmann*schen Verteilungsgesetz in der Volumeneinheit Blut

$$N^{ox} = N_o^{ox} \, e^{-\frac{u}{kT}}$$

Erythrozyten im oxygenierten Zustand, mit dem Energieabstand

$$u = E_{Ery}^{ox} - E_{Ery}^{desox}$$

zum desoxygenierten Zustand, gehalten. N_o^{ox} bedeutet dabei die Zahl oxygenierter Erythrozyten in der Volumeneinheit Blut, die sich auf normale Weise (vgl. 4.5.2), wenn also kein Magnetfeld anliegt ($H = 0$), einstellt.

Nun zur O_2-Sättigung:

Die O_2-Sättigung S_{O_2} ist definiert (vgl. 4.5.2) als Anteil der Oxyhämoglobinkonzentration an der gesamten Hämoglobinkonzentration und damit gleich dem Verhältnis der Zahl N^{ox} oxygenierter Erythrozyten in der Volumeneinheit zur Gesamtzahl N der Erythrozyten in der Volumeneinheit. Hier wollen wir unter S_{O_2} die sich ohne Magnetfeld ($H = 0$) einstellende O_2-Sättigung verstehen.

Wir bezeichnen nun die bei angelegtem Magnetfeld H sich einstellende – entsprechend S_{O_2} definierte – O_2-Sättigung mit $S_{O_2}^*$. Im Falle unseres vereinfachten Erythrozytenmodells ist diese O_2-Sättigung dann

$$S_{O_2}^* = \frac{N^{ox}}{N} \cdot 100\,\% = \frac{N_o^{ox}}{N} \, e^{-\frac{E_{Ery}^{ox} - E_{Ery}^{desox}}{kT}} \cdot 100\,\%$$

$$= S_{O_2} \cdot e^{-\frac{E_{Ery}^{ox} - E_{Ery}^{desox}}{kT}}.$$

Die magnetische Energie der Erythrozyten hängt, wie wir unter 5.1 gezeigt haben, von der magnetischen Feldstärke ab. Daher liefert uns die voranstehende $S^*_{O_2}$-Beziehung, ausgehend von der bekannten S_{O_2}-Kurve (vgl. 4.5.2, Bild 23 Kurve Hb) und durch deren Multiplikation mit der voranstehenden e-Funktion, verschiedene O_2-Bindungskurven für unterschiedliche magnetische Feldstärken. Sie sind in Bild 29 dargestellt.

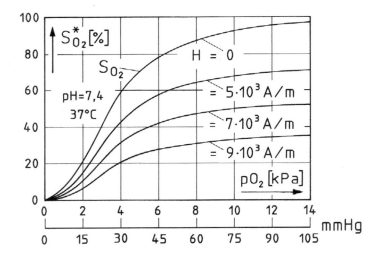

Bild 29. Abhängigkeit der O_2-Bindungskurve des Blutes bzw. des darin enthaltenen Hämoglobins vom angelegten Magnetfeld H. Berechnung mit einem vereinfachten Erythrozytenmodell, das nur völlig oxygenierte und völlig desoxygenierte Erythrozyten kennt. Die O_2-Sättigung unter Feldeinfluß ist mit $S^*_{O_2}$ bezeichnet. Der Grenzfall H = 0 (Kurve S_{O_2}) ist die aus Bild 23 bekannte Bindungskurve Hb.

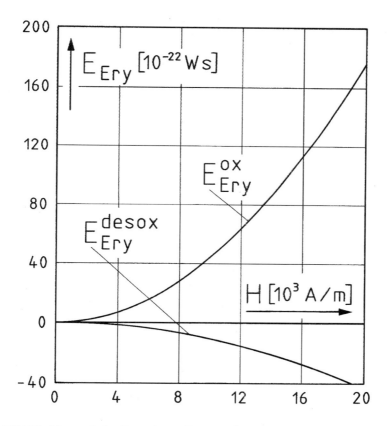

Bild 30. Magnetische Energien E_{Ery}^{ox} und E_{Ery}^{desox} oxygenierter bzw. des-oxygenierter Erythrozyten in Abhängigkeit vom angelegten Magnet-feld H. Der Unterschied dieser beiden Energien hängt mit den vonein-ander abweichenden Suszibilitätswerten des oxygenierten und desoxy-genierten Hämoglobins zusammen. – Speziell für die Angabe dieser Einzelenergien wurde der magnetische Einfluß der wäßrigen Umge-bung von Hämoglobin und Erythrozyten berücksichtigt; bei deren Dif-ferenzbildung (vgl. Bild 31) fällt die Suszeptibilität des Wassers und damit dessen magnetischer Einfluß heraus.

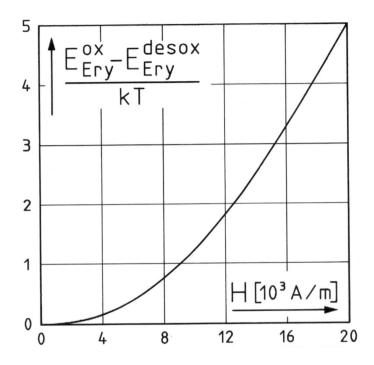

Bild 31. Zur Anwendung des *Boltzmann*schen Verteilungsgesetzes auf Erythrozyten. Die Feldstärkeabhängigkeit der O_2-Bindungskurve des Hämoglobins (Bild 29) beruht – in Verbindung mit dem *Boltzmann*schen Verteilungsgesetz – auf dem Unterschied der magnetischen Energien E_{Ery}^{ox} und E_{Ery}^{desox} oxygenierter bzw. desoxygenierter Erythrozyten. Ihre Differenz geht, auf kT bezogen, als Energie u (Bild 28) in das *Boltzmann*sche Verteilungsgesetz ein.

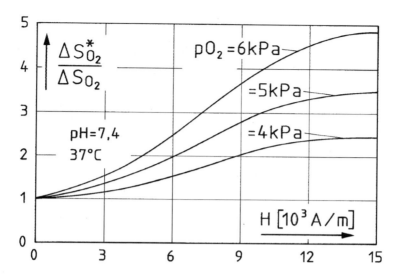

Bild 32. O_2-Sättigungsänderung $\Delta S_{O_2}^*$ in den Kapillaren – ausgehend von $S_{O_2}^* = 97\%$ bei Eintritt in die Kapillaren – bei angelegtem Magnetfeld H im Verhältnis zur O_2-Sättigungsänderung ΔS_{O_2} ohne Magnetfeld in Abhängigkeit vom Magnetfeld H. Berechnung wiederum mit dem vereinfachten Erythrozytenmodell, das nur völlig oxygenierte und völlig desoxygenierte Erythrozyten kennt. Der Verlauf des Verhältnisses hängt stark von dem Wert ab, auf den der Sauerstoffpartialdruck pO_2 in den Kapillaren abfällt.

Die zugrundeliegende Feldstärkeabhängigkeit der magnetischen Erythrozytenenergien können wir Bild 30 entnehmen, ihre auf die thermische Energie kT bezogene Differenz Bild 31.

Wie uns die in Bild 29 und Bild 32 wiedergegebenen Ergebnisse unserer Abschätzungen mit dem vereinfachten Erythrozytenmodell bereits zeigen, können wir durch ein angelegtes Magnetfeld H ganz beachtliche Steigerungen der Sättigungsänderung – hier, unter Magnetfeldeinfluß, mit $\Delta S_{O_2}^*$ statt ΔS_{O_2} (H = 0, vgl. Bild 23) bezeichnet – und damit des Sauerstoffangebotes in Kapillaren und Gewebe des Feldbereiches erwarten. Und das schon mit verhältnismäßig niedrigen Feldstärken, wie z. B. H = $5 \cdot 10^3$ A/m (B = 6,25 mT = 62,5 G). Das geht besonders deutlich aus Bild 32 hervor, in dem die magnetfeldbedingte – magnetfeldinduzierte – Steigerung der Sauerstoffabgabe bzw. -bereitstellung

$$\frac{\Delta S_{O_2}^*}{\Delta S_{O_2}} = \frac{97 - S_{O_2}^*}{97 - S_{O_2}} = \frac{97 - S_{O_2} \cdot e^{-\dfrac{E_{Ery}^{ox} - E_{Ery}^{desox}}{kT}}}{97 - S_{O_2}}$$

dargestellt ist. Voraussetzung ist hierbei allerdings, daß die Erythrozyten insgesamt mit dem normalen maximalen Sättigungswert (etwa 97 %, vgl. 4.5.2 und Bild 23) O_2-beladen in die Kapillaren eintreten. Und hier kommen wir zu einer im Rahmen unserer Beschreibung jetzt schon stellbaren Forderung:

Möglichst große Bereiche der Lunge sollten sich nicht gleichzeitig im Magnetfeld befinden. Denn nur in diesen Bereichen mit H ≈ O gilt die normale O_2-Sättigung von etwa 97 %. Andernfalls gilt bereits bei der O_2-Beladung der Erythrozyten in den Alveolen eine H-bedingt tiefere O_2-Bindungskurve mit niedrigerem maximalem Sättigungswert, und die Sättigungsänderung $\Delta S_{O_2}^*$ – also das O_2-Angebot an die Kapillarumgebung – fällt geringer aus.

Diese Überlegungen lassen für die Anwendung des magnetfeldinduzierten O_2-Effektes, insbesondere das pauschale Anlegen eines Magnetfeldes im gesamten Oberkörperbereich, als nicht sinnvoll erscheinen. Lokale Anwendungen – beispielsweise im Rahmen der Krebshygiene (vgl. 6.2.7) im Bereich der weiblichen Brüste – sollten »lungenschonend« durchgeführt werden. Vielleicht auch abwechselnd links und rechts.

Damit hat unser Gedankenmodell von den Erythrozyten mit nur zwei möglichen O_2-Beladungszuständen – völlig oxygeniert oder völlig desoxygeniert – die Grenzen seiner Leistungsfähigkeit erreicht. Aber es hat uns bereits gezeigt, wie im Prinzip aus der magnetischen Energiedifferenz der Erythrozyten eine verbesserte O_2-Bereitstellung der Erythrozyten gegenüber dem Gewebe

132

wird, und ist offenbar ein brauchbares Hilfsmittel für grundlegende Überlegungen.

Verallgemeinertes Erythrozytenmodell

Nunmehr gehen wir zwecks genauerer Beschreibung des Verhaltens der Erythrozyten im Magnetfeld zu einem Modell über, das nicht nur »binär« zwei O_2-Sättigungszustände der Erythrozyten zuläßt, sondern eine gleichmäßige Verteilung individueller O_2-Sättigungswerte $S_{O_2}^i$. Die Erythrozyten sind dann jeweils zu $S_{O_2}^i \%$ oxygeniert. Wir kürzen $S_{O_2}^i/100$ mit s_{O_2} ab. Diese individuelle O_2-Sättigung s_{O_2} der Erythrozyten stellt den Anteil von oxygeniertem Hämoglobin an der jeweiligen Gesamtmenge von deren Hämoglobin dar. Noch anschaulicher: Sie ist das Verhältnis der Zahl n_{Hb}^{ox} oxygenierter Hämoglobinmoleküle – es gibt nur völlig oder überhaupt nicht oxygenierte Hämoglobinmoleküle (vgl. 5.5) – zur Gesamtzahl n_{Hb} (vgl. 4.4.4) der Hämoglobinmoleküle eines Erythrozyten.

Die Erythrozyten möchten natürlich auch hier in ihren Zustand niedrigster Energie herabfallen, also bei angelegtem Magnetfeld in die völlig desoxygenierte Form übergehen. Und sie werden daran wiederum durch die thermische Energie gehindert.

Nach dem *Boltzmann*schen Verteilungsgesetz werden durch die thermische Energie jetzt

$$N^{s_{O_2}} = N_o^{s_{O_2}} \cdot e^{-\frac{u}{kT}}$$

Erythrozyten mit der individuellen O_2-Sättigung s_{O_2} im Energieabstand

$$u = \frac{E_{Ery}^{ox} - E_{Ery}^{desox}}{n_{Hb}} \quad n_{Hb}^{ox} = s_{O_2}\left(E_{Ery}^{ox} - E_{Ery}^{desox}\right)$$

zum völlig desoxygenierten Zustand gehalten. $N_o^{s_{O_2}}$ ist die volumenbezogene Zahl von Erythrozyten mit der individuellen O_2-

Sättigung s_{O_2}, wenn wir kein Magnetfeld angelegt haben (H = 0). E_{Ery}^{ox} und E_{Ery}^{desox} bedeuten, wie stets so auch hier, die magnetische Energie völlig, d. h. 100 %ig oxygenierter bzw. desoxygenierter Erythrozyten. Die Differenz $E_{Ery}^{ox} - E_{Ery}^{desox}$ ist dementsprechend wiederum der Energieabstand völlig oxygenierter Erythrozyten zu ihrem völlig desoxygenierten Zustand im Magnetfeld, und $(E_{Ery}^{ox} - E_{Ery}^{desox})/n_{Hb}$ stellt den Energieabstand eines oxygenierten Hämoglobinmoleküls zu seinem desoxygenierten Zustand im Magnetfeld dar (vgl. 5.5.3).

Wir schreiben noch um in

$$\frac{N^{s_{O_2}}}{N_o^{s_{O_2}}} = \frac{N^{s_{O_2}}/N}{N_o^{s_{O_2}}/N} = \left(\frac{S_{O_2}^*}{S_{O_2}}\right)^{s_{O_2}}$$

$$= e^{-s_{O_2}\dfrac{E_{Ery}^{ox} - E_{Ery}^{desox}}{kT}} = f(s_{O_2}).$$

N ist wiederum die Gesamtzahl der Erythrozyten in der Volumeneinheit, $S_{O_2}^*$ und S_{O_2} die O_2-Sättigung bei angelegtem Magnetfeld bzw. für H = 0, wobei die Indizierung s_{O_2} bedeutet, daß das Verhältnis beider sich hier auf den jeweiligen s_{O_2}-Wert bezieht. Die Funktion $f(s_{O_2})$ ist lediglich eine abkürzende Schreibweise der Exponentialfunktion. Wir finden sie in Bild 33 – als Beispiel mit H = $10 \cdot 10^3$ A/m – dargestellt.

Nunmehr legen wir uns die Frage vor, welche mittlere magnetfeldinduzierte O_2-Sättigung $\bar{s}_{O_2}$ den Erythrozyten zuzurechnen ist. Entsprechend der Vorgehensweise bei der Mittelwertbildung bestimmen wir durch Integration

$$\int_{s_{O_2}=0}^{1} f(s_{O_2}) \cdot ds_{O_2}$$

die Fläche (schraffiert) unter unserer Funktion $f(s_{O_2})$ und setzen diese Fläche gleich mit der Fläche des in Bild 33 eingezeichneten Rechteckes, dessen eine Seite $(S_{O_2}^*/S_{O_2})^{s_{O_2}} = 1$ und die andere Seite der gesuchte Mittelwert $\bar{s}_{O_2}$ ist. Wir bekommen hierfür dann

134

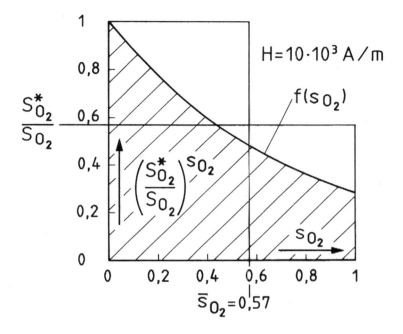

Bild 33. Verallgemeinertes Erythrozytenmodell, das eine gleichmäßige Verteilung individueller O_2-Sättigungswerte $S_{O_2}^i$ der Erythrozyten zuläßt. $S_{O_2}^i/100$ wird mit s_{O_2} abgekürzt. Für z. B. $H = 10 \cdot 10^3$ A/m ist die mittlere O_2-Sättigung der Erythrozyten $\bar{s}_{O_2} = 0{,}57$. Sie ist ersichtlich gleich dem mittleren Sättigungsverhältnis $S_{O_2}^*/S_{O_2}$. Die mittlere, magnetfeldbedingte Sättigung $S_{O_2}^*$ ergibt sich dementsprechend aus der normalen ($H = 0$) O_2-Bindungskurve als $S_{O_2}^* = \bar{s}_{O_2} \cdot S_{O_2}$.

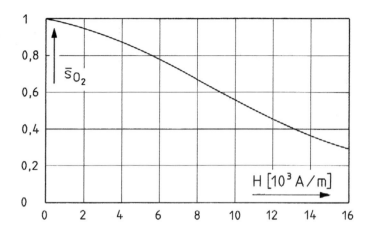

Bild 34. Verallgemeinertes Erythrozytenmodell. Abhängigkeit der mittleren, individuellen O_2-Sättigung $\bar{s}_O$ der Erythrozyten von der Stärke des angelegten Magnetfeldes. Daraus ergeben sich mit $S_{O_2}^*$ = $\bar{s}_{O_2} \cdot S_{O_2}$ aus der normalen (H = 0) O_2-Bindungskurve die O_2-Bindungskurven für verschiedene Feldstärken H (Bild 35).

$$\bar{s}_{O_2} = \int\limits_{s_{O_2}=0}^{1} f(s_{O_2}) \cdot ds_{O_2} = \frac{kT}{E_{Ery}^{ox} - E_{Ery}^{desox}} \left(1 - e^{-\frac{E_{Ery}^{ox} - E_{Ery}^{desox}}{kT}} \right).$$

Wenn wir die Erythrozytenenergiewerte (vgl. 5.1.5) für verschiedene Feldstärken H einsetzen, gewinnen wir aus dieser Beziehung die Abhängigkeit der mittleren magnetfeldinduzierten O_2-Sättigung $\bar{s}_{O_2}$ von der Feldstärke H. Das Ergebnis können wir Bild 34 entnehmen. Wir erkennen anhand dieser Darstellung, daß ein besonders starker Effekt der Sättigungsabnahme im mittleren Teil des wiedergegebenen Feldbereiches auftritt.

Für H = 0 ist $\bar{s}_{O_2} = 1$, die den Erythrozyten zugerechnete O_2-Sättigung also 100%. Trotzdem kann die effektive O_2-Sättigung niedriger sein: Die mittlere Sättigung $\bar{s}_{O_2}$ gibt nur den Einfluß des Magnetfeldes wieder und stellt einen Reduktionsfaktor dar, mit dem wir die normale, sich ohne Magnetfeld einstellende O_2-Sättigung S_{O_2} multiplizieren müssen, um zur effektiv sich ergebenden O_2-Sättigung $S_{O_2}^*$ bei angelegtem Magnetfeld zu gelangen. Es ist also

$$S_{O_2}^* = S_{O_2} \cdot \bar{s}_{O_2}.$$

Für H = 0 ist, wie oben schon angeführt, $\bar{s}_{O_2} = 1$: Wie es sich gehört, findet ohne Magnetfeld auch keine Reduktion statt. Wir können die voranstehende Reduktionsformel auch unmittelbar aus Bild 33 ablesen: Dazu setzen wir die eben durch Integration bestimmte Fläche unter $f(s_{O_2})$ gleich mit der Fläche des in Bild 33 zusätzlich eingezeichneten Rechteckes, dessen eine Seite $s_{O_2} = 1$ und dessen andere Seite das mittlere Verhältnis $S_{O_2}^*/S_{O_2}$ ist. Damit sind auch beide Rechtecke flächengleich und

$$S_{O_2}^*/S_{O_2} = \bar{s}_{O_2}.$$

Mit der voranstehenden Umrechnungsformel erhalten wir aus der normalen O_2-Bindungskurve Hb des Blutes bzw. der Erythrozyten von Bild 23 in Verbindung mit den $\bar{s}_{O_2}$-Werten aus Bild 34 die H-abhängigen O_2-Bindungskurven von Bild 35. Die nor-

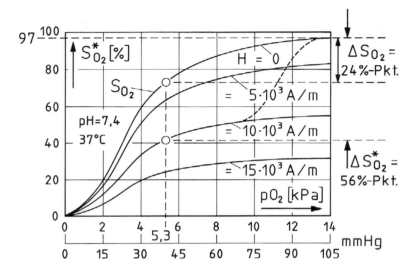

Bild 35. Abhängigkeit der magnetfeldbedingten O_2-Bindungsurven $S_{O_2}^*$ von der Stärke des angelegten Feldes H. Grundlage: verallgemeinertes Erythrozytenmodell. Der Grenzfall H = 0 (Kurve S_{O_2}) ist die aus Bild 23 bekannte Bindungskurve Hb. Als Beispiel ist der ebenfalls in Bild 23 verwandte Enddruck pO_2 = 5,3 kPa für H = 0 und H = $10 \cdot 10^3$ A/m eingetragen. Die O_2-Sättigungsänderung erhöht sich von 24%-Punkten ohne Magnetfeld auf 56% mit H = $10 \cdot 10^3$ A/m. Das Sauerstoffangebot der Kapillare gegenüber dem Gewebe hat sich in diesem Fall also mehr als verdoppelt.

138

male (H = 0) O_2-Bindungskurve von Bild 23 ist hier als Kurve S_{O_2} ($S_{O_2} = S^*_{O_2}$ für H = 0) eingetragen.

Wir sehen, was unsere anhand des vereinfachten Erythrozytenmodells angestellten Untersuchungen grundsätzlich schon erkennen ließen, daß die O_2-Sättigungsdifferenz – also die O_2-Bereitstellung der Erythrozyten gegenüber dem Gewebe – durch Magnetfelder ganz beachtlich gesteigert wird. Für das unter 4.5.2 bei der Diskussion der normalen O_2-Bindungskurve angeführte Beispiel mit einem arteriellen bzw. venösen Ruhe-pO_2 von 13,3 kPa (100 mm Hg) bzw. 5,3 kPa (40 mm Hg) hatten wir eine O_2-Sättigungsänderung = ΔS_{O_2} = 24%-Punkte. Dieses Druckbeispiel ist auch in Bild 35 eingetragen: Die O_2-Sättigungsänderung beträgt mit z. B. H = $10 \cdot 10^3$ A/m jetzt $\Delta S^*_{O_2}$ = 56%-Punkte.

In Bild 36 haben wir das sich aus Bild 35 ergebende O_2-Angebot $\Delta S^*_{O_2}$ getrennt in Abhängigkeit von der magnetischen Feldstärke H für verschiedene O_2-Partialdrücke pO_2 wiedergegeben. Auf der $\Delta S^*_{O_2}$-Achse ist H = 0, damit $\bar{s}_{O_2}$ = 1 und $\Delta S^*_{O_2} = \Delta S_{O_2}$. Das bedeutet: Auf der $\Delta S^*_{O_2}$-Achse liegen die ΔS_{O_2}-Punkte, die Punkte also, die sich normalerweise – ohne Magnetfeld – ergeben.

Um den Einfluß des Magnetfeldes besonders klar herauszustellen, haben wir aus Bild 35 bzw. 36 das Verhältnis der O_2-Sättigungsänderung mit Magnetfeld zur O_2-Sättigungsänderung ohne Magnetfeld $\Delta S^*_{O_2}/\Delta S_{O_2}$ herausgezogen und für sich in Bild 37 aufgetragen. Und zwar in dem praktisch wichtigen Druckbereich pO_2 = 4 kPa bis 6 kPa. Die bedeutenden Steigerungsmöglichkeiten der O_2-Sättigungsdifferenz – also der O_2-Bereitstellung gegenüber dem Gewebe – treten, wie angestrebt, deutlich hervor. Darüber hinaus entnehmen wir Bild 37 auch den für die Praxis wichtigen Hinweis, daß eine »beliebige« Erhöhung der magnetischen Feldstärke nicht sinnvoll ist.

Hier können wir gleich noch orientierend quantitative Angaben machen. Beispielsweise ergibt sich bei pO_2 = 5 kPa für H = $10 \cdot 10^3$ A/m eine um den Faktor $\Delta S^*_{O_2}/\Delta S_{O_2}$ = 2,2 gesteigerte O_2-Sättigungsänderung. Erhöhung der magnetischen Feldstärke um

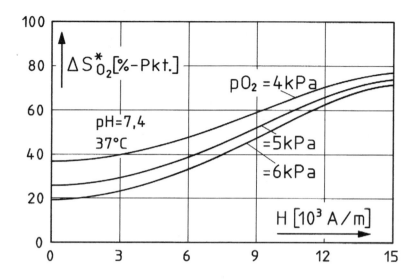

Bild 36. O_2-Sättigungsänderung $\Delta S_{O_2}^*$ in den Kapillaren – ausgehend von $S_{O_2} = 97\%$ bei Eintritt in die Kapillaren – in Abhängigkeit vom angelegten Magnetfeld H entsprechend Bild 35. Als Parameter ist der Wert eingetragen, auf den der Sauerstoffpartialdruck pO_2 in den Kapillaren abfällt.

140

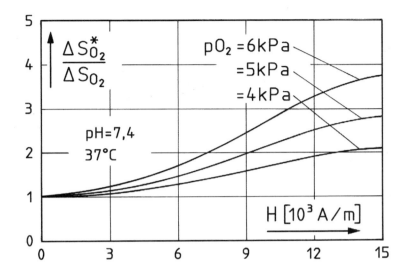

Bild 37. O_2-Sättigungsänderung $\Delta S_{O_2}^*$ in den Kapillaren – ausgehend von S_{O_2} = 97 % bei Eintritt in die Kapillaren – bei angelegtem Magnetfeld H im Verhältnis zur O_2-Sättigungsänderung ohne Magnetfeld in Abhängigkeit vom Magnetfeld H, entsprechend Bild 36 bzw. Bild 35. Der Verlauf des Verhältnisses hängt stark von dem Wert ab, auf den der Sauerstoffpartialdruck pO_2 in den Kapillaren abfällt. Die beachtliche Steigerung der O_2-Bereitstellung flacht im höheren Feldbereich ab.

50 % auf $15 \cdot 10^3$ A/m bringt bereits nur noch eine weitere Vergrößerung des Steigerungsfaktors um 27 % auf 2,8. So besehen, dürfte für die magnetische Feldstärke ein Richtwert von etwa $10 \cdot 10^3 - 15 \cdot 10^3$ A/m vernünftig sein, auch im Hinblick auf den mit Feldstärkesteigerungen verbundenen technischen Aufwand. Und wir wollen nicht übersehen, daß auch schon deutlich niedrigere Feldstärken einen merklichen Effekt hervorrufen, z. B. $H = 5 \cdot 10^3$ A/m bei $pO_2 = 5$ kPa immerhin eine Steigerung der O_2-Sättigungsänderung um rund 30 % gegenüber der O_2-Sättigungsänderung ohne Magnetfeld.

Der Richtwert ist hinsichtlich technischer Machbarkeit sicherlich keine besonders große Feldstärke. Sie ist mit handelsüblichen einfachen Permanentmagneten, aber auch mit Spulenanordnungen – sogar ohne Eisenkern – leicht realisierbar (vgl. 2.2.2).

Ein wichtiger Hinweis noch: Elektronische Bauelemente und Schaltungen können magnetfeldempfindlich sein. Auch bei den angegebenen Feldstärken, wie generell, ist größte Vorsicht im Hinblick auf Träger elektronischer Körperhilfen, vor allem von Herzschrittmachern – das Magnetfeld kann z. B. einen im Herzschrittmacher befindlichen Reed-Schalter »aus Versehen« betätigen –, geboten, von denen Magnetfelder ferngehalten werden müssen. Die Angaben der Magnetfeldgerätehersteller und -lieferanten über Vorsichtsmaßnahmen und Nichtanwendungsfälle müssen sicher besonders beachtet werden. Hier finden wir z. B. unter den Nichtanwendungsfällen der Magnetfeldbehandlungsgeräte eines Herstellers neben Herzschrittmachern angegeben: Schwangerschaft, akute Blutungen, juveniler Diabetes, akute Tbc und Viruserkrankungen.

Voraussetzung dafür, daß wir bei der $\Delta S_{O_2}^*$-Bildung von dem maximalen Wert der O_2-Sättigung (etwa 97 %) ausgehen können, so wie wir dies eben bei Bild 36 und Bild 37 getan haben, ist natürlich auch hier wieder, daß die Erythrozyten in der Lunge maximal mit Sauerstoff beladen werden. Und das ist nach unseren bisherigen Überlegungen nur möglich, wenn sich möglichst große

Bereiche der Lunge nicht im Magnetfeld befinden oder die Feldstärke H dort wenigstens so niedrig ist, daß die O_2-Bindungskurve der Normalkurve (H = 0) sehr nahe kommt.

Anderenfalls können wir bei der O_2-Beladung der Erythrozyten in der Lunge H-bedingt nur von einem – gegenüber der maximalen O_2-Sättigung von etwa 97 % – erniedrigten O_2-Sättigungswert ausgehen und bekommen dann bei der O_2-Entladung der Erythrozyten im Gewebe eine entsprechend geringere Differenz $\Delta S_{O_2}^*$ gegenüber der hier gültigen O_2-Bindungskurve. Auf diese Weise würden Gewebebereiche, die sich überhaupt nicht im Magnetfeld befinden und für die ja weiterhin die hohe Normalkurve gilt, hinsichtlich der O_2-Bereitstellung besonders benachteiligt.

Und noch etwas müssen wir uns vor Augen halten. Bei der magnetfeldinduzierten (magnetfelderzeugten, magnetfeldbedingten) Erhöhung der O_2-Sättigungsänderung ΔS_{O_2} bzw. $\Delta S_{O_2}^*$ handelt es sich dem Gewebe gegenüber primär um ein stark erhöhtes O_2-Angebot, dessen Ausschöpfung natürlich von den Verbrauchsmöglichkeiten und -notwendigkeiten abhängt.

Wir können nicht erwarten, daß die O_2-Sättigung S_{O_2} bei Eintritt des Blutes in die Kapillaren – in den Arterien und Arteriolen kann, durch die Wand hindurch, noch kein O_2 abgegeben werden – unter Magnetfeldeinfluß von fast 100 % auf die tiefere, magnetfeldbedingte O_2-Sättigungskurve einfach »herunterfällt«.

Vielmehr werden die Erythrozyten auf ihrem Weg durch die Kapillaren unter Magnetfeldeinfluß so viel O_2 durch die Kapillarwände in das Gewebe treiben, wie vom Gewebe maximal aufgenommen werden kann, wobei – darauf kommen wir gleich zurück – das O_2-Angebot O_2-Nachfrage schafft. Wir werden einen Übergang erwarten, wie wir ihn vom Prinzip her in Bild 35 gestrichelt angedeutet finden.

Dementsprechend handelt es sich, wie schon gesagt, bei unserer errechneten Erhöhung der O_2-Sättigungsänderung ΔS_{O_2} bzw. $\Delta S_{O_2}^*$ um ein O_2-Angebot der Erythrozyten unter dem Einfluß des Magnetfeldes an das Gewebe, um die maximal mögliche O_2-Sättigungsänderung also.

Wie uns die in den Bildern 35, 36 und 37 dargestellten quantitativen Zusammenhänge zeigen, ist das magnetfeldinduzierte O_2-Angebot der Erythrozyten bei entsprechender Feldstärke sehr hoch, so hoch, wollen wir hinzufügen, daß praktisch jeder vorkommende O_2-Bedarf des Gewebes gedeckt werden kann. Das gilt ganz sicher für die oft unzureichende und dann als erhöhter O_2-Bedarf anzusehende O_2-Grundversorgung, aber auch für krankheitsbedingt gesteigerten O_2-Bedarf.

Und vor allem: Die gestärkte O_2-Versorgung löst ihrerseits kettenreaktionsartig O_2-Bedarf aus, der durch vermehrte Ausschöpfung des O_2-Angebotes befriedigt wird. Hierbei denken wir an die – therapeutisch wirksame – Anheizung des Stoffwechsels in allen vom magnetfeldinduzierten O_2-Effekt betroffenen Gewebsbereichen, eingeleitet und aufrechterhalten beispielsweise durch die verbesserte O_2-Versorgung in der gesamten Kapillarumgebung (vgl. 5.4.3) und die Öffnung von Kapillaren und ganzen Kapillarnetzen (vgl. 5.4.4).

Zur Bedarfsmeldung, dem »Feedback« des Gewebes gegenüber den Erythrozyten: Die entscheidende Rolle spielt sicher das O_2-Partialdruckgefälle zwischen Blut und Gewebe, aber auch andere Einflüsse – pH-Wert, 2,3-DPG-Menge, Temperatur – müssen wir bedenken.

An dieser Stelle ein Wort zur CO_2-Situation. Ihre magnetfeldbedingten Änderungen erhalten wir aufgrund der unter 4.5.3 besprochenen Zusammenhänge unmittelbar aus den hier gefundenen Veränderungen der O_2-Situation über die zugehörigen S_{O_2}-Werte.

Weiterführende Arbeiten

Für weiterführende Arbeiten – dies wollen wir, ebenso wie unsere vorausgegangenen Untersuchungen, auch als Anregung verstanden wissen – sehen wir im wesentlichen zwei Ansätze:

• In-vitro-Bestimmung der O_2-Bindungskurve der Erythrozyten in Abhängigkeit von der Stärke angelegter statischer Magnetfelder und Vergleich mit den von uns soeben herausgearbeiteten Zusammenhängen.

144

- In-vivo-Ermittlung des Gewebe-pO_2 unter Magnetfeldeinfluß, sowohl für statische als auch für – noch zu besprechende (5.4) – zeitlich veränderliche Felder.

Vergleich mit wichtigen Aussagen, die sich aus den von uns vorausgehend gefundenen Zusammenhängen ergeben: Die tiefer verlaufenden O_2-Bindungskurven (Bild 29 bzw. Bild 35) bei angelegtem Magnetfeld bedeuten, daß große, den Gewebebedarf deckende O_2-Sättigungsänderungen bei der Kapillarpassage der Erythrozyten schon »weit rechts«, d. h. im oberen pO_2-Bereich der O_2-Bindungskurven, erfolgen werden. Wir erwarten also gesteigerte pO_2-Werte gegenüber vergleichbarem, nicht mit Magnetfeldern beaufschlagtem Gewebe.

Großarealmessungen (vgl. [12]) des Gewebe-pO_2 dürften mindestens orientierende Werte liefern. Um zu vermeiden, daß »aus Versehen« pO_2-Mischwerte aus beaufschlagten und feldfreien Gewebebereichen erfaßt werden, ist die Ermittlung der pO_2-Werte im Mikroareal, d. h. im Interkapillarraum (Mikroelektroden, vgl. [12]), besonders angezeigt.

5.4 Zeitlich veränderliche Magnetfelder

Wir haben soeben den Einfluß der magnetischen Feldstärke auf die magnetfeldinduzierten O_2-Effekte untersucht. Nunmehr soll unser Augenmerk der Frage gelten, was passiert, wenn das Magnetfeld nicht mehr zeitlich konstant ist wie bisher, sondern sich ändert.

5.4.1 Feldrichtung

Eine Teilfrage können wir bereits vorab erledigen. Die Umkehr der Feldrichtung, die ein geändertes Vorzeichen von H bedeutet, spielt sicher keine Rolle. Denn die magnetische Energie der Erythrozyten als entscheidende Größe für zu erwartende Effekte ist proportional zu H^2, wodurch der Vorzeicheneinfluß wegfällt.

5.4.2 Feldverlauf, Impulsfelder

Wir gehen nun von einem impulsförmigen Feldverlauf aus, so wie wir ihn vom Prinzip her in Bild 38 über der Zeitachse t aufgetragen finden. Die Magnetfeldimpulse sollen hier alle die gleiche Dauer τ_i haben. Für uns erhebt sich nun sofort die Frage nach der nötigen Länge dieser Zeiten, um – verglichen mit der Wirkung eines zeitlich konstanten Magnetfeldes – eine möglichst günstige Beeinflussung des O_2-Geschehens erwarten zu können.

Auf der Suche nach einem plausiblen Orientierungswert stoßen wir sofort auf eine Zeit, die wir schon unter 4.2.4 bei der Besprechung der Kapillaren kennengelernt haben. Es ist die mittlere Passagezeit t_p des Blutes auf seinem Weg durch eine Kapillare mittlerer Länge. Sie beträgt $t_p \approx 2,5$ s.

5.4.3 O_2-Konzentrationsverlauf in der Kapillarumgebung

Wir machen nun versuchsweise alle relevanten Zeiten gleich, also $\tau_o = \tau_i = t_p$, und sehen nach, wie sich das auf die O_2-Konzentration – wir könnten statt dessen natürlich auch den O_2-Partialdruck nehmen – rings um eine Modellkapillare (vgl. 4.2.4, Bild 18) herum auswirkt.

Da wir die Wirkung zweier Magnetfeldarten vergleichen wollen, nämlich des Impulsfeldes und des zeitlich konstanten Magnetfeldes, genügt es, wenn wir die magnetfeldinduzierte O_2-Konzentration betrachten.

Wir beginnen mit unseren Überlegungen bei H = 0. Jetzt schalten wir das Magnetfeld H für die Dauer $\tau_i = t_p$ ein und sehen uns die magnetfeldinduzierte Sauerstoffkonzentration im Gewebe bei Erreichen des Impulsendes an. Das Ergebnis zeigt uns schematisch Bild 39 als längs einer Kapillare räumliche Darstellung von Flächen jeweils gleicher O_2-Konzentration in der Kapillar-

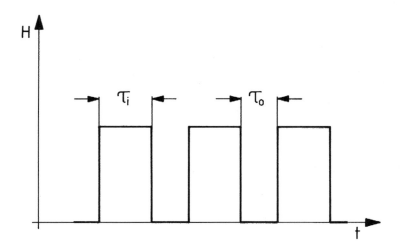

Bild 38. Zeitlich veränderliche Magnetfelder. Besonders wirkungsvoll sind Impulsfelder.

umgebung. Der Pfeil gibt die Strömungsrichtung des Blutes vom arteriellen zum venösen Ende der Kapillare an.

Das beim Einschalten des Magnetfeldes gerade als Füllung in der Kapillare befindliche Blut, kurz die Einschaltfüllung, das dann innerhalb der Feldimpulsdauer $\tau_i = t_p$ die Kapillare in Pfeilrichtung passiert, erzeugt als Fläche gleicher O_2-Konzentration die Mantelfläche 1. Diese Mantelfläche öffnet sich zum venösen Ende hin, das Gewebe wird zum venösen Ende hin stärker mit Sauerstoff versorgt. Aus zwei Gründen:

- Während des »Pipeline-Fillings« lag kein Magnetfeld an, das Blut konnte auf seinem Weg durch die Kapillare magnetfeldinduziert keinen Sauerstoff abgeben und auf diese Art zum venösen Ende hin nicht an Sauerstoff verarmen, das Gewebe zum venösen Ende der Kapillare hin ist also beim Einschalten des Magnetfeldes nicht durch vorzeitige magnetfeldinduzierte O_2-Abgabe von vornherein benachteiligt;
- die Umgebung der Kapillare bezieht umso länger Sauerstoff aus der transportierten Einschaltfüllung, je näher sie dem venösen Ende der Kapillare liegt.

Hinter der Einschaltfüllung strömt, gleichzeitig mit deren Passage, frisches Blut nach und ist beim Erreichen des Impulsendes am Ende der Kapillare angekommen. Dieser Blutstrom erzeugt als Fläche gleicher O_2-Konzentration die Mantelfläche 2. Sie verengt sich zum venösen Ende hin, weil

- das einströmende Blut auf seinem Weg durch die Kapillare ständig magnetfeldinduziert Sauerstoff an das Gewebe verliert und daher zum venösen Ende hin immer weniger übrig bleibt;
- die Umgebung der Kapillare um so länger Sauerstoff aus dem während der Einschaltdauer $\tau_i = t_p$ nachströmenden Blut bezieht, je näher sie dem arteriellen Ende der Kapillare ist.

Im zeitlichen Mittel entsteht aus 1 und 2 die zylindrische Fläche 3 gleicher magnetfeldinduzierter O_2-Konzentration.

148

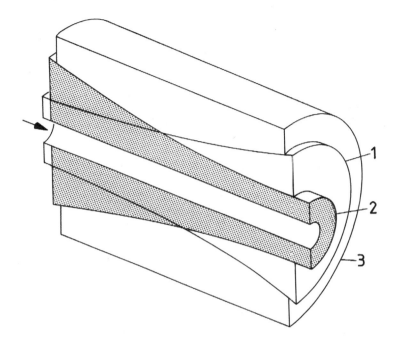

Bild 39. Impulsfeld mit Impulslänge τ_i = Impulslücke τ_0. Magnetfeld-bedingte Flächen gleicher O_2-Konzentration in der Gewebsumgebung einer in Pfeilrichtung vom Blut durchflossenen Kapillare. Das beim Einschalten des Magnetfeldes – also am Impulsanfang – gerade als Füllung in der Kapillare befindliche Blut erzeugt die Mantelfläche 1. Das während der Impulsdauer τ_i nachströmende Blut erzeugt die Mantelfläche 2. Im zeitlichen Mittel entsteht aus 1 und 2 die zylindrische Fläche 3 gleicher magnetfeldinduzierter O_2-Konzentration. Das Impulsfeld hat also entlang der Kapillaren einen starken örtlich homogenisierenden Effekt hinsichtlich der O_2-Konzentration. Dadurch wird vor allem die kritische O_2-Versorgungssituation um das venöse Ende der Kapillare herum stark verbessert.

149

Nach dem Feldimpuls lassen wir das Feld für $\tau_o = t_p$ abgeschaltet, so daß es während dieser Zeit zu einem erneuten Füllen der Kapillare mit Blut ohne magnetfeldinduzierte O_2-Abgabe kommen kann. Dann schalten wir wieder für $\tau_i = t_p$ ein, und so fort: Jeweils eine bei abgeschaltetem Magnetfeld eingeströmte Kapillarfüllung ($\tau_o = t_p$) kompensiert nun mit ihrem O_2-Konzentrationsanstieg entlang der Kapillare den O_2-Konzentrationsabfall entlang derselben Kapillare einer bei eingeschaltetem Magnetfeld nachströmenden Kapillarfüllung ($\tau_i = t_p$).

Die Verhältnisse von Bild 39 sind, wie gesagt, ein Schema, und wir können natürlich nicht erwarten, daß die resultierende Fläche gleicher Konzentration wirklich genau ein Zylindermantel ist. Was aber bleibt, ist die wichtige Aussage: Durch das Impulsfeld, genauer durch das »Pipeline-Filling« in der Impulslücke (H = 0), wird die O_2-Konzentration entlang der Kapillare in ihrer Umgebung homogenisiert. Es wird also der O_2-Konzentrationsabfall in Strömungsrichtung weitgehend kompensiert, insbesondere auch am venösen Ende, wo er am stärksten ist. Und hierfür erweist sich unsere eingangs getroffene Wahl der Zeiten $\tau_o = \tau_i = t_p$ als optimal.

Bei dauernd eingeschaltetem Magnetfeld erwarten wir einen der Fläche 2 ähnlichen trompetenartigen Verlauf der Fläche gleicher O_2-Konzentration, die aber der Übersichtlichkeit wegen in Bild 39 nicht dargestellt ist. Da jetzt das venöse Ende zeitlich nicht mehr benachteiligt ist, verläuft diese Fläche zum venösen Ende hin etwas flacher als die Fläche 2; wegen der O_2-Verarmung des Blutes auf seinem Weg durch die Kapillare ist aber die Gewebsumgebung der Kapillare zum venösen Ende hin auch hier bei der O_2-Versorgung stark benachteiligt.

Bei abgeschaltetem Magnetfeld stellt sich ein ganz ähnlicher Flächenverlauf ein, aber – wir gehen hier von einem starken Magnetfeldeffekt aus – viel schwächer, d. h. bedeutend dichter an der Kapillare. Diesen Beitrag, der sich allen magnetfeldinduzierten O_2-Konzentrationen überlagert, haben wir aus unserer die

Wirkung unterschiedlicher Magnetfeldarten vergleichenden Betrachtung herausgelassen.

Im Vergleich mit dem zeitlich konstanten Magnetfeld schneidet das Impulsfeld gut ab:
Zwar fehlt die magnetfeldinduzierte O_2-Abgabe in den Impulspausen. Aber gerade die Verbesserung der Sauerstoffsituation in dem zur O_2-Unterversorgung – mit wachsendem Abstand zur Kapillare immer mehr – neigenden Gewebe um das venöse Kapillarende herum läßt uns eine hohe medizinische Wirksamkeit von Impulsfeldern erwarten.

Die Folge von Feldimpulsen mit der optimalen Dauer von Impuls und Lücke $\tau_i = \tau_o = t_p = 2{,}5$ s hat eine Frequenz von $1/2{,}5 = 0{,}4$ Hz. Dies ist also unsere optimale Feldimpulsfrequenz, genauer: Feldimpulsfolge-Frequenz.
Diese Angabe basiert auf den Durchschnittswerten von Strömungsgeschwindigkeit des Blutes in den Kapillaren und Kapillarlänge und hat deshalb sicher nicht den Charakter eines »kritischen Wertes«. Mit anderen Worten: Auch bei z. B. 1 Hz werden wir noch einen vernünftigen Homogenisierungseffekt der O_2-Konzentration erwarten.

Für unsere grundsätzlichen Überlegungen sind wir idealisierend von rechteckigen Feldimpulsen ausgegangen. In der Praxis erfolgen jedoch Anstieg und Abfall eines Magnetfeldes kontinuierlich bis hin zu sinusförmigen Halbwellen. Wir müssen dann zur Beurteilung des magnetfeldinduzierten O_2-Effektes (s. 5.3.2) für H mit dessen Effektivwert rechnen. Wir bekommen ihn aus der zeitlichen Mittelwertbildung von H^2 in der Impulsdauer τ_i. Im Falle sinusförmiger Halbwellen beträgt der Effektivwert des Magnetfeldes H das 0,707fache seines zeitlichen Spitzenwertes.
Magnetfeldimpulse mit vergleichsweise flachen Flanken, also mit zeitlich eher kontinuierlichem Anstieg und Abfall, wie wir sie z. B. in sinusförmigen Halbwellen – also Feldimpulsen, deren zeitliche Folge nur aus »Bergen« oder nur aus »Tälern« besteht

und die wir z. B. durch Einweggleichrichtung aus Wechselstrom gewinnen können – vor uns haben, bieten einen großen Vorteil, der sie für medizinische Anwendungen prädestiniert:

Unter 2.2.3 haben wir uns mit dem Induktionsgesetz beschäftigt. Anhand des Gedankenversuches mit dem Aufbau von Bild 9 konnten wir zeigen, daß durch jede Änderung ΔH eines Magnetfeldes während eines Zeitintervalles Δt in einem Drahtring eine elektrische Spannung U_i induziert wird. Und besonders wichtig: Wir sehen, daß diese Spannung U_i proportional der zeitlichen Änderung $\Delta H/\Delta t$ ist.

Nun brauchen wir gedanklich nur den Drahtring durch einen menschlichen Körperbereich zu ersetzen und uns gleichzeitig zu vergegenwärtigen, daß die steilen Flanken nahezu rechteckiger Feldimpulse große zeitliche Änderungen $\Delta H/\Delta t$ bedeuten, um ein Problem zu erkennen: In den vom Magnetfeld beeinflußten Körperbereichen können elektrische Spannungen induziert werden, die durch ihre möglichen Wirkungen – insbesondere im Zellbereich – ein Gefährdungspotential darstellen.

Und genau dieses Potential wird durch flache Impulsflanken und die damit verbundenen geringeren Induktionsspannungen in für medizinische Anwendungen wünschenswerter Weise reduziert.

Anzumerken bleibt uns noch, daß durchgehend sinusartige zeitliche Feldverläufe wegen des Fehlens von wirklichen Pausen zum magnetfeldfreien »Pipeline-Filling« keinen starken örtlich homogenisierenden Effekt erwarten lassen.

5.4.4 Magnetrelais-Effekt

Wechselwirkung zwischen O_2-Konzentration, Blutstrom und Kapillarwand

Beim Studium der Kapillarwände unter 4.2.4 haben wir als eine von deren für uns besonders interessanten Eigenschaften die Fähigkeit kennengelernt, durch Quellen und Entquellen ihrer

Endothelzellen den Kapillardurchmesser verändern zu können. Wobei, das ist klar, Quellen verringerte lichte Weite und gedrosselten Blutstrom bedeutet.

Nun können wir von einer Entdeckung Gebrauch machen, die wir, nebst ihrer Aufklärung, *M. von Ardenne* [12], [13], [14] verdanken. Es handelt sich um einen O_2-gesteuerten Schaltmechanismus der Blutmikrozirkulation (vgl. 4.2.4). Er beruht auf dem Quellen und Entquellen von Kapillarwandzellen am – bei der O_2-Versorgung normalerweise benachteiligten – venösen Ende der Kapillaren unter O_2-Einfluß. Die Quellung beginnt, wenn am venösen Kapillarende Blutfluß und Sauerstoffpartialdruck unter bestimmte Werte fallen. Und genau diese beiden Parameter werden durch die Quellung herabgesetzt. Es besteht also eine starke Rückkoppelung, die schalterartig den Blutfluß durch die Kapillare herabsetzt.

Es gilt aber auch die Umkehrung: Sobald bei Zunahme des Blutflusses und des O_2-Partialdruckes gewisse Werte überschritten werden, öffnet der »Schalter«, und Blutfluß und O_2-Versorgung werden stark heraufgesetzt.

Da die Schaltvorgänge auf Quellen und Entquellen von Zellen beruhen, benötigen sie – anders als Vorgänge, die wir normalerweise mit dem Begriff Schalten in Verbindung bringen – naturgemäß eine gewisse Zeit.

Das O_2-abhängige Quellen und Entquellen der Kapillarwandzellen selbst haben wir im Zusammenhang mit der sogenannten Natrium-Kalium-Pumpe zu sehen und auf unterschiedliche Deckung ihres O_2-Bedarfes zurückzuführen.

Dazu müssen wir wissen (vgl. z. B. [5]), daß die Zellen ständig ein beachtliches Natriumionen-Konzentrationsgefälle von 12 Millimol/Liter im Zellinnern gegenüber 145 Millimol/Liter im Zellaußenraum entgegen der Diffusion (Osmose) aufrechterhalten müssen, bei Kaliumionen ein entgegengesetztes Konzentrationsgefälle von 155 Millimol/Liter innen gegenüber 4 Millimol/Liter außen. Dazu ist die Zellmembran mit Pumpeneigenschaften ausgestattet. Wie jede Pumpe, so verbraucht auch diese »Membranpumpe« Energie. Und zwar sehr viel Energie: Mehr als ein Drittel des gesamten Energieverbrauches der Zellen wird für die Na$^+$-K$^+$-Pumpe benötigt.

Aufgrund dieses hohen Energiebedarfes der Na$^+$-K$^+$-Pumpe leuchtet uns sofort ein, daß eine deutliche Herabsetzung der Energiezufuhr in der Zelle unmittelbar zu Störungen der Pumpe mit dem Ergebnis verminderter Pumpleistung führen muß. Bei Gewinnung der Zellenergie durch »Verbrennung« von Substrat in den Mitochondrien (vgl. 4.5.2, Abschnitt über Myoglobin) der Kapillarwandzellen hat aber jede Drosselung der Sauerstoffzufuhr eine verminderte Energiebereitstellung für die Na$^+$-K$^+$-Pumpe zur Folge und wird damit zur Ursache verminderter Pumpleistung.

Durch die herabgesetzte Pumpleistung steigt die Ionenkonzentration in der Zelle und mit ihr der osmotische Druck an. Diesem Druck folgend tritt Wasser in die Zelle ein und läßt sie quellen. Verbesserung der O$_2$-Zufuhr macht die Vorgänge rückgängig und führt zum Entquellen.

Magnetfeldeffekt

Was bedeutet nun der O$_2$-gesteuerte Schaltmechanismus der Kapillaren für unseren magnetfeldinduzierten O$_2$-Effekt? Die Antwort liegt auf der Hand: verstärkte Auswirkung unseres Effektes für die O$_2$-Versorgung der Gewebe.

Denn wir können erwarten, daß bei der Anwendung eines Magnetfeldes hinreichender Stärke über eine gewisse Zeit hinweg durch die dadurch erreichte Verbesserung des O$_2$-Angebotes in zahlreichen Kapillaren des im Magnetfeld befindlichen Gewebsbereiches die Schaltschwellen der Kapillarwände erreicht und die Kapillaren für den Blutstrom stärker geöffnet werden, so daß wir im Ergebnis eine stark verbesserte Durchblutung und Sauerstoffversorgung des magnetisch behandelten Gewebsbereiches erzielen.

Da sich der O$_2$-gesteuerte Schaltmechanismus der Mikrozirkulation, wie wir vorhin gesehen haben, in dem Kapillarbereich nahe dem venösen Ende abspielt, dürfen wir einen besonders großen Verstärkungseffekt für Gewebsdurchblutung und -sauer-stoffversorgung bei Anwendung der vorausgehend diskutierten Impulsfelder erwarten. Denn die gepulsten Felder bewirken, wie wir gesehen haben, gerade eine Homogenisierung der O_2-Konzentration im Gewebe entlang der Kapillare und damit eine Verbesserung der O_2-Situation speziell zum venösen Ende hin.

Zusammenfassend können wir die Wirkung des O_2-gesteuerten Schaltmechanismus der Blutzirkulation in Verbindung mit der magnetfeldinduzierten O_2-Abgabe mit der eines Magnetrelais vergleichen.

Wenn wir künftig vom magnetfeldinduzierten O_2-Effekt, kurz: O_2-Magnetfeldeffekt, sprechen, dann im doppelten Sinne:

- vom Magnetfeld erhöhte O_2-Bereitstellung des Hämoglobins als Primäreffekt,
- Magnetrelais-Effekt, Erweitern und Öffnen von Kapillaren bis hin zum Zuschalten ganzer Kapillarnetze als Sekundäreffekt.

5.5 Magnetfeldinduzierte O_2-Abgabe des Hämoglobins als molekularer Effekt

Wir haben beim Studium des Magnetismus unter 2. zunächst den Magnetismus mit Hilfe von Begriffen wie Strom, Kraft, Feldstärke, Suszeptibilität, die eher im makroskopischen Bereich angesiedelt und durch hier meßbare Erscheinungen definiert sind, beschrieben. Zu einer vertieften Auffassung des Magnetismus sind wir dann durch Aufklärung der im atomaren Bereich liegenden Mechanismen gelangt. Ganz ähnlich verhält es sich auch auf anderen Gebieten der Physik, wie beispielsweise der Elektrizitätslehre und der Wärmelehre. Auch hier gibt es eher phänomenologische Beschreibungen und solche, die atomistisch-molekular strukturiert sind und zu vertieften Auffassungen führen.

In diesem Sinne wollen wir nunmehr versuchen, die magnetfeldinduzierte O_2-Abgabe des Hämoglobins mit dessen molekularer Struktur in Verbindung zu bringen.

5.5.1 Hämoglobinmolekül als nichtlinearer Verstärker

Die weltweiten Versuche zur Aufklärung der Struktur des Hämoglobinmoleküls waren sicherlich zunächst stark von dem Wunsch geprägt, das Zustandekommen der eigenartigen S-Form der O_2-Bindungskurve zu erklären.

Nach dem, was wir heute wissen (vgl. z. B. die ausführliche Darstellung von *M. F. Perutz* [8]), setzt sich das Hämoglobinmolekül aus vier Globin-Untereinheiten mit jeweils einer Hämgruppe zusammen (vgl. 4.4.4), zwischen denen eine starke Wechselwirkung besteht, die sogenannte Häm-Häm-Wechselwirkung. Davon können wir ausgehen.

Zum Verständnis der O_2-Bindungskurve des Hämoglobins (vgl. 4.5.2, Bild 23) beginnen wir nun gedanklich im unteren pO_2-Bereich. Hier sind so wenig O_2-Moleküle vorhanden, daß auf jede Hämgruppe höchstens ein O_2-Molekül kommt. Die Kurve steigt daher flach und praktisch linear an, alle Hämgruppen reagieren zunächst noch unabhängig voneinander.

Bei ansteigender O_2-Konzentration (höhere Werte pO_2) wird die Kurve steiler, ein Verhalten, dessen biologische Funktionalität wir schon diskutiert haben. Dieses Verhalten ist aber nur durch einen nichtlinearen Verstärkungseffekt möglich. Als solcher tritt im steilen, nichtlinearen Bereich der O_2-Bindungskurve die Häm-Häm-Wechselwirkung auf: Sobald eine Hämgruppe eines Hämoglobinmoleküls ein O_2-Molekül gebunden hat, wird die Affinität der übrigen Hämgruppen desselben Hämoglobinmoleküls gegenüber Sauerstoff stark gesteigert, so daß die übrigen Hämgruppen schlagartig ebenfalls O_2-Moleküle anlagern und dadurch insgesamt überproportional zum O_2-Angebot (O_2-Partialdruck pO_2) O_2-Moleküle gebunden werden können. Im steilen Kurvenbereich stehen noch genug Hämoglobinmoleküle zur auf diese Weise erfolgenden O_2-Bindung zur Verfügung.

Im sich anschließenden flacheren Bereich hat die Zahl der unverbrauchten Hämoglobinmoleküle so stark abgenommen, daß die Kurve praktisch wieder linear wird und in die maximale Sättigung einmündet.

Entsprechendes spielt sich natürlich ab, wenn wir vom oberen Teil der O_2-Bindungskurve kommen: Im steilen Bereich löst nun an einem Hämoglobinmolekül die Abgabe eines O_2-Moleküls die Freigabe der übrigen O_2-Moleküle aus, so daß wir wieder einen nichtlinearen Effekt vor uns haben. Und schließlich gelangen wir wieder in den unteren abgeflachten Bereich, mit einer so geringen Anzahl von O_2-Molekülen in der Umgebung der Hämoglobinmoleküle, daß kein nichtlinearer molekularer Verstärkungseffekt mehr bei diesen Molekülen auftritt.

5.5.2. Struktur des Hämoglobinmoleküls

Um das Verhalten des Hämoglobinmoleküls bei der O_2-Aufnahme und -abgabe als nichtlinearer Verstärker zu verstehen und damit letztlich auch den Magnetfeldeinfluß, müssen wir die Natur der diesem Verhalten zugrundeliegenden Häm-Häm-Wechselwirkung kennen. Die Aufklärung dieser Wechselwirkung aber gelingt nur über die Struktur des Hämoglobinmoleküls.

Hier gleich die wichtigste Erkenntnis (vgl. [8]): es gibt zwei verschiedene Strukturen des Hämoglobinmoleküls. Eine Modifikation für den desoxygenierten Zustand und eine andere für den oxygenierten Zustand. Bild 40 zeigt uns das Aufbauschema des desoxygenierten Hämoglobinmoleküls. Die hierbei vorliegende Struktur wird als T-Struktur bezeichnet. Aus Bild 41 entnehmen wir das Aufbauschema der oxygenierten Form. Hier wird von einer R-Struktur gesprochen.

In beiden Fällen besteht das Hämoglobinmolekül natürlich aus seinen vier großen Globin-Grundeinheiten mit jeweils einer Hämgruppe. Und in beiden Fällen gibt es wichtige Besonderheiten, die wir jetzt erwähnen müssen:

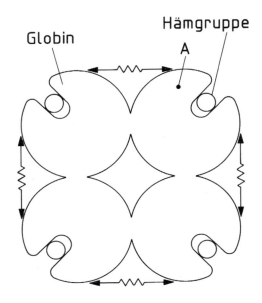

Bild 40. Aufbauschema des desoxygenierten Hämoglobinmoleküls. Die sog. T-Struktur (T = tense = gespannt). Mechanische Spannungen verengen taschenartige Vertiefungen der vier Globinmoleküle des Hämoglobins, in denen die Hämgruppen sitzen. Die damit verbundene Raumnot erschwert die O_2-Bindung.

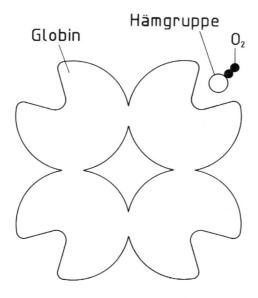

Bild 41. Aufbauschema des oxygenierten Hämoglobinmoleküls. Die sog. R-Struktur (R = relaxed = entspannt). Durch Wegfall mechanischer Spannungen sind die taschenartigen Vertiefungen der vier Globinmoleküle des Hämoglobins, in denen sich die Hämgruppen befinden, geöffnet. Dadurch finden O_2-Moleküle leichter Zugang zu den Hämgruppen.

- Die Hämgruppe sitzt jeweils in einer taschenartigen Vertiefung des Globinmoleküls;
- diese Vertiefungen können unter dem Einfluß innermolekularer Kräfte bzw. mechanischer Spannungen mehr oder weniger weit geöffnet sein; und
- jeweils zwei gegenüberliegende Globinmoleküle sind hantelartig besonders fest miteinander verbunden.

T-Struktur

Zunächst zur T-Struktur oder T-Form (Bild 40), die, wie gesagt, zum desoxygenierten Hämoglobinmolekül gehört. Diese Modifikation verfügt – gegenüber der R-Form – über zahlreiche zusätzliche Ionenbindungen, deren Kräfte mechanische Spannungen innerhalb des Moleküls erzeugen. Diese Spannungen sind in Bild 40 durch Druckfedern veranschaulicht. Und damit ist gleichzeitig verdeutlicht, wie sie wirken: Die taschenartigen Vertiefungen mit jeweils der Hämgruppe als Inhalt werden verengt, mit der wichtigen Folge, daß die Bindung von O_2-Molekülen an die Hämgruppe wegen Raumnot sehr erschwert wird. Den mechanischen Spannungen verdankt die T-Form auch ihre Bezeichnung (T = tense = gespannt).

Die T-Form ist wegen ihrer Ionenbindungen an einige Voraussetzungen geknüpft, die in vivo (im lebenden Organismus; außerhalb, »im Reagenzglas«: in vitro) gegeben sind und O_2-Bedarf signalisieren, wie Wasserstoffionen, Kohlendioxid, Chloridionen und das schon erwähnte (vgl. 4.5.2) organische Phosphat 2,3-Diphosphoglycerinsäure (2,3-DPG). Insbesondere der 2,3-DPG kann eine entscheidende Rolle zugeschrieben werden: In der T-Struktur sind die beiden Globin-Hanteln etwas um eine Achse A außerhalb der Mitte verdreht (diese Verdrehung ist in Bild 40 der Einfachheit wegen nicht dargestellt), der sich dadurch öffnende Spalt zwischen zwei benachbarten Globinmolekülen ist mit 2,3-DPG gefüllt. Beim Übergang in die R-Form wird der Spalt durch Hanteldrehung verengt, und die 2,3-DPG wird herausgedrückt.

160

Die 2,3-DPG ist also ein Baustein der T-Form. Damit wird uns die große Bedeutung der 2,3-DPG für das O_2-Geschehen verständlich, und auch, warum in einem Erythrozyten in vivo die Zahl der 2,3-DPG-Moleküle mit derjenigen der Hämoglobinmoleküle (etwa $3 \cdot 10^8$, vgl. 4.4.4) vergleichbar ist, was nur gewichtsmäßig wegen ihrer gegenüber dem Hämoglobinmolekül geringen Masse nicht auffällt. O_2-Bedarf führt zur Bildung von mehr 2,3-DPG und diese wiederum durch Förderung des T-Form-Anteiles gegenüber der oxygenierten R-Form zu verstärkter O_2-Abgabe des Hämoglobins.

Diese Überlegungen führen uns zu einem vertieften Verständnis dessen, was wir schon am Ende von 5.3.2 bei der Diskussion der magnetfeldinduzierten O_2-Abgabe herausgestellt haben. Nämlich: die bedarfsgesteuerte Ausschöpfung des magnetfeldinduzierten O_2-Angebotes der Erythrozyten. Denn in der 2,3-DPG haben wir sicher – z. B. neben dem O_2-Partialdruckgefälle zwischen Blut und Gewebe – eines der wichtigsten Elemente zur Steuerung der O_2-Ausschöpfung der Erythrozyten seitens des Gewebes vor uns.

R-Struktur

Nun kommen wir zur R-Struktur oder R-Form, die zum oxygenierten Hämoglobin gehört. Die Bezeichnung nimmt Bezug auf »relaxed« (entspannt), womit Wesentliches schon gesagt ist: Wegfall von Ionenbindungen und mechanischen Spannungen, was im Bild 41 durch Weglassen der Federn veranschaulicht werden soll. Wie wir anhand des Schemas von Bild 41 weiterhin sehen, öffnen sich dadurch die taschenartigen Vertiefungen in den Globinmolekülen wesentlich mehr, so daß O_2-Moleküle viel leichter Zugang zur Hämgruppe finden. Es ist klar, daß wir in den dargestellten Wänden der Vertiefungen nicht wirkliche Wände, sondern Hüllkurven über einander benachbarte Atome zu sehen haben.

Wir haben in Bild 42 eine taschenartige Vertiefung im Globinmolekül mit Eisenatom, umgebendem Porphyrinring und – nun-

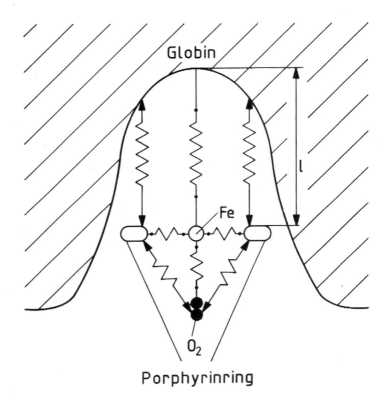

Bild 42. Hämgruppe mit O_2-Molekül in einer taschenartigen Vertiefung des Globinmoleküls. R-Struktur. Das Kräftegleichgewicht ist schematisch durch Federn veranschaulicht. Druckfedern: abstoßende Kräfte. Zugfedern: anziehende Kräfte. Das Eisenatom der Hämgruppe befindet sich, kräftemäßig ausbalanciert, etwa in der Mitte seines Prophyrinringes.

mehr – angelagertem O_2-Molekül dargestellt. In diesem Schema veranschaulichen die mit jeweils zwei einander entgegengesetzten Kraftpfeilen versehenen Druckfedern abstoßende Kräfte im Molekül, z. B. zwischen Stickstoffatomen des Porphyrinringes und des Globins. Sonst handelt es sich um Zugfedern, die anziehende Kräfte darstellen. Das Eisenatom befindet sich, kräftemäßig ausbalanciert, etwa in der Mitte seines Porphyrinringes.

Die Situation ändert sich völlig, wenn das O_2-Molekül verlorengeht. Jetzt fallen die abstoßenden Kräfte zwischen O_2-Molekül und Porphyrinring weg. Da diese Kräfte den Ring in Richtung Globinmolekül gedrückt hatten, wird nun der Porphyrinring von den abstoßenden Kräften zwischen ihm selbst und dem Globinmolekül in die äußere Richtung geschoben. Dabei entfernt sich der Porphyrinring auch von dem am Globinmolekül befestigten Eisenatom, so daß die Porphyrinringebene schließlich um 0,6 Angströmeinheiten = $6 \cdot 10^{-11}$ m (vgl. [8]) gegen das Eisenatom verschoben ist.

Wir entnehmen die Situation Bild 43. Entscheidend ist dabei der vergrößerte Abstand l zwischen Porphyrinring und Globinmolekül: Ihm werden Schaltereigenschaften zugeschrieben. Er löst – das soll in Verbindung mit der schon besprochenen Hantelverdrehung geschehen – die Umwandlung der R-Struktur in die T-Struktur mit ihren verengten Vertiefungen und damit die O_2-Abgabe des gesamten Hämoglobinmoleküls aus, sofern, wie wir überlegt haben, die O_2-Bedarf signalisierenden In-vivo-Bedingungen gegeben sind. In dieser R-T-Umwandlung haben wir den Mechanismus des nichtlinearen molekularen Verstärkers vor uns, der aufgrund eines abgegebenen O_2-Moleküls die Abgabe der übrigen drei O_2-Moleküle bewirkt.

Auch der umgekehrte Vorgang ist klar: Wenn es an der Hämgruppe eines Hämoglobinmoleküls mit T-Struktur spontan zur Bindung eines O_2-Moleküls kommt, wird in dieser Hämgruppe der Porphyrinring in Richtung Globinmolekül gedrückt und der Abstand l verringert. Dadurch springt, wieder in Verbindung mit einer Hanteldrehung, die T-Struktur auf und verwandelt sich in die R-Struktur mit ihren erweiterten Vertiefungen. Das gesamte

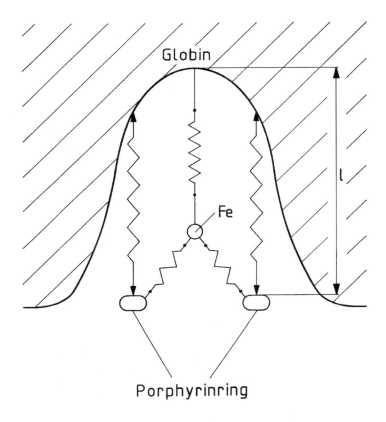

Bild 43. Hämgruppe in einer taschenförmigen Vertiefung des Globin-
moleküls nach Verlust des O_2-Moleküls. Die abstoßenden Kräfte zwi-
schen O_2-Molekül und Porphyrinring fallen weg. Als Folge wird der
Porphyrinring nach außen geschoben, der Abstand l vergrößert sich.
Dadurch wird schalterartig die Umwandlung der R-Struktur in die T-
Struktur im gesamten Hämoglobinmolekül ausgelöst.

Hämoglobinmolekül ist nun O_2-aufnahmebereit, und die O_2-Bindungswahrscheinlichkeit steigt stark an.

Noch eine abschließende Überlegung zur Kopplung der Hämgruppen. In Bild 42 haben wir Kräfte im Bereich der Hämgruppe durch Federn veranschaulicht. Damit ist auch klar: Hier haben wir schwingungsfähige Gebilde vor uns, und wir können erwarten, daß bei Abgabe und Aufnahme von O_2 seitens einer Hämgruppe Impulse entstehen, die durch das Globinmolekül laufen und im Bereich anderer Hämgruppen Resonanzerscheinungen hervorrufen, die auch bei R-T-Strukturänderungen eine Rolle spielen dürften.

5.5.3 Magnetfeldinduzierte Strukturänderung des Hämoglobinmoleküls

Für uns stellt sich nun natürlich sofort die Frage, inwieweit es möglich ist, durch Magnetfelder eine Strukturänderung des Hämoglobinmoleküls herbeizuführen. Da wir uns für die magnetfeldinduzierte O_2-Abgabe interessieren, geht es hauptsächlich um die Änderung der (oxygenierten) R-Struktur in die (desoxygenierte) T-Struktur.

Anhand des Modells von Bild 44 wollen wir einen möglichen Mechanismus für eine solche Umwandlung diskutieren. In dieser Prinzipdarstellung sehen wir das Eisenatom als Eisenkörper an, der von einem Porphyrinringkörper umgeben ist. Wir haben ein äußeres Magnetfeld H angelegt. Unter dem Einfluß dieses Feldes wirkt sich nun ein wichtiger Unterschied zwischen Eisen und Porphyrinring aus: Der Eisenkörper hier ist paramagnetisch, der Porphyrinring dagegen diamagnetisch. Dadurch werden beide entgegengesetzt zueinander vom Feld H magnetisiert (Pfeile), und es entstehen demgemäß Magnetpole mit der willkürlich durch N und S gekennzeichneten Polarität. Entscheidend dabei ist, daß sich zwischen Eisen- und Porphyrinringkörper gleichnamige Pole gegenüberstehen, deren abstoßende Kräfte (doppelte Pfeile) den Porphyrinring gegen die durch Zugfedern angedeute-

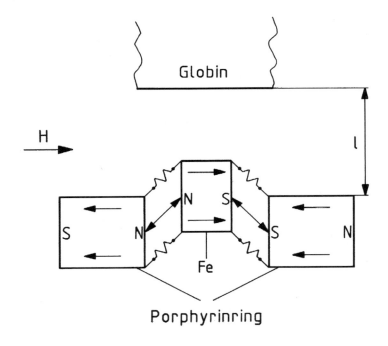

Bild 44. Schema der magnetfeldinduzierten Umwandlung der R- in die
T-Struktur (Desoxygenierung). Der paramagnetische »Eisenkörper«
und der diamagnetische Porphyrinring werden von dem äußeren Ma-
gnetfeld H entgegengesetzt zueinander magnetisiert. Abstoßende
Kräfte zwischen dabei entstehenden gleichnamigen Polen drücken den
Porphyrinring vom Eisen weg, so daß sich der Abstand l vergrößert.
Dadurch wird schalterartig die Umwandlung der R- in die T-Struktur
ausgelöst.

166

ten Bindekräfte vom Eisen wegdrücken, sobald sich das Eisen etwas aus der Porphyrinringebene herausbewegt, was spontan – unter dem Einfluß der Wärmebewegung – sicher ständig passiert, um so mehr, als das im Porphyrinring federnd aufgehängte Eisen ein schwingungsfähiges Gebilde darstellt. Davon können wir erwarten:

- Die O_2-Gruppe des Eisens wird am Porphyrinring »abgestreift« und damit freigesetzt;
- der Abstand l vergrößert sich, auch wegen der Freisetzung der O_2-Gruppe;
- die Umwandlung von der R- in die T-Struktur wird ausgelöst.

Mit anderen Worten: Wir können den diskutierten Mechanismus als eine Art von Magnetschalter zum Auslösen der Strukturänderung des Hämoglobins ansehen.

Die Energie zum Betätigen des Magnetschalters ist übrigens sehr gering. Eine grobe Abschätzung zeigt, daß sie deutlich unter der magnetischen Energiedifferenz

$$\Delta E_{Hb} = \frac{E_{Ery}^{ox} - E_{Ery}^{desox}}{3 \cdot 10^8} = 1{,}8 \cdot 10^{-37}\ H^2\ W\ s$$

($3 \cdot 10^8$ = Anzahl der Hämoglobinmoleküle im Erythrozyten, vgl. 4.4.4; E_{Ery}^{ox}, E_{Ery}^{desox} vgl. 5.1.5) zwischen der oxygenierten und der desoxygenierten Form eines Hämoglobinmoleküls liegen dürfte.

Das Magnetfeld H muß natürlich nicht genau die in Bild 44 dargestellte Richtung haben, bei geneigter Feldrichtung können wir uns die Feldkomponente in der gezeigten Richtung wirksam denken. Gegebenenfalls liegt eine andere Hämgruppe passender zur Feldrichtung.

Am Ende unseres Exkurses über die Molekularstruktur des Hämoglobins, der uns zu einem vertieften Verständnis der magnetfeldinduzierten O_2-Abgabe geführt hat, angekommen, wollen wir noch kurz einen Blick zurück auf eine Tatsache werfen, die bei unseren Abschätzungen zur magnetfeldinduzierten O_2-Abgabe unter 5.3 eine so grundlegende Rolle gespielt hat: die Existenz unterschiedlicher Suszeptibilitätswerte der oxygenierten Form des Hämoglobins (vgl. 5.1.3), die zu unterschiedlichen magnetischen Energien E_{Ery}^{ox} und E_{Ery}^{desox} der Erythrozyten (vgl. 5.1.5) führt.

Oxygeniertes und desoxygeniertes Hämoglobin weisen, wie wir gesehen haben, unterschiedliche molekulare Strukturen – T-Struktur und R-Struktur – auf. Wir können nun erwarten, daß mit derart unterschiedlichen molekularen Strukturen auch deutliche Unterschiede in der Elektronenanordnung beider Molekülarten verbunden sind. Und zu denen gehören, wie wir unter 2.2.6 bei der Berechnung der diamagnetischen Suszeptibilität gesehen haben (Stichwort: $\overline{r_i^2}$) verschiedene Suszeptibilitätswerte.

6. Medizinische Magnetfeldanwendungen

6.1 Übersicht

6.1.1 Wirkungsweise als Auswahlkriterium, O_2-Magnetfeldeffekt

Von den – als Wirkungsweise – angegebenen Gesetzmäßigkeiten eines Effektes können wir grundsätzlich zweierlei erwarten. Nämlich:

- die ursächliche, möglichst weitgehend quantitativ formulierte Rückführung auf schon bekannte Gesetzmäßigkeiten als Voraussetzung für Realitätsbezug und Richtigkeit und damit für
- die Voraussagbarkeit, möglichst weitgehend quantitativ, vor allem: Unter welchen Bedingungen der Effekt in welcher Stärke erwartet werden kann.

Angewandt auf medizinische Magnetfeldeffekte heißt das:

- Als Wirkungsweise richtig erkannte Gesetzmäßigkeiten ermöglichen uns die Voraussage, in welchen Krankheitsfällen eine Magnetfeldbehandlung überhaupt angebracht ist. Die Wirkungsweise wird damit zum Auswahlkriterium, mit dem wir den Einsatzplan der Magnetfeldbehandlung aufstellen können.

Dabei wollen wir uns nicht auf den Einsatz bei bereits bestehenden Erkrankungen beschränken, vielmehr die Magnetfeldbehandlung auch in den Bereich der Präventivmaßnahmen einbeziehen.

- Umgekehrt werden wir im Eintreffen der Voraussagen – also in der tatsächlichen Wirksamkeit der Magnetfeldbehandlung im jeweiligen Fall – eine Bestätigung für die Richtigkeit der zugrunde gelegten Gesetzmäßigkeiten sehen. Und wir werden natürlich die Ergebnisse nutzen, um die Formulierung der Gesetzmäßigkeiten zu verbessern, wo immer möglich.

Demgemäß wollen wir einen Einsatzplan aufstellen, wie auch Beispiele auswählen.

In der Literatur gibt es eine Reihe von Hinweisen auf mögliche Wirkungsweisen magnetischer Felder im Organismus, vgl. z. B. [17], [18], [19], [24], [25], [39], wo wir neben eigenen Auffassungen der Verfasser auch weiteres Schrifttum behandelt finden. Es werden insbesondere angeführt:

- Induktionsspannungen durch Impuls- und Wechselfelder, von denen Blut-, Lymph-, Sekretions-, Nerven- und Muskelsysteme betroffen sein sollen. Es werden Wirkungen der induzierten elektrischen Spannungen auf den Elektrolyt gesehen.
- Lorentz-Kraft, die senkrecht zu Magnetfeld und Bewegungs- bzw. Strömungsrichtung als »magnetische Ablenkung« auf bewegte Ionen wirkt. Durch Ladungstrennung können dabei Hall-Spannungen entstehen. Es werden besonders Einflüsse auf biologische Membranen erwartet.
- Piezoelektrische Effekte, insbesondere im Knochenbereich.
- Energien atomarer bzw. molekularer magnetischer Dipole im Magnetfeld, die als in der Größenordnung der Wechselwirkungsenergien van-der-Waalscher Bindungen und Wasserstoffbrücken – z. B. zwischen Polypeptidketten der Proteinmoleküle – angegeben werden.
- Die Zellmembran als »Empfänger« des Magnetfeldes und »Modulator« biologisch relevanter Prozesse, z. B. Erhöhung der Aktivierungsenergie bei katalytischen Vorgängen, erhöh-

ter Stofffluß durch Zellmembran (insbesondere O_2), Intensivierung der Enzymproduktion, der Nukleinsäure- und Eiweißsynthese und Aktivierung des genetischen Apparates der Zelle.

Mit unseren vorangegangenen Untersuchungen über den Einfluß von Magnetfeldern auf die Atmungsfunktion des Blutes und speziell auf die Sauerstoffversorgung der Gewebe sind wir – wie wir gesehen haben – natürlich nicht zu den Erfindern der Anwendung von Magnetfeldern zu medizinischen Zwecken geworden. Diese Anwendung ist sogar – nicht zuletzt wegen der zu allen Zeiten vom Magnetismus als »geheimnisvoller Kraft« ausgegangenen Faszination – sehr alt. Auch spezielle Magnetfelder wie die von uns unter 5.4 untersuchten Impulsfelder werden im Hinblick auf ihre besondere medizinische Wirksamkeit seit geraumer Zeit eingesetzt und diskutiert (vgl. z. B. [24]).

Und auch der Gedanke, Magnetfeld und Sauerstoff miteinander in Verbindung zu bringen, ist nicht unsere Erfindung (vgl. z. B. [17], [18]), wie auch die Ansicht, daß die magnetischen Eigenschaften des Hämoglobins eine Rolle spielten (vgl. [17]) bzw. die Anlagerung der O_2-Moleküle im Hämoglobin dem Einfluß des Magnetfeldes unterliege (vgl. [19]), schon vertreten wurde.

Aber wir haben den O_2-Magnetfeldeffekt ursächlich verständlich und quantitativ – sicher wenigstens näherungsweise – beherrschbar gemacht. Und damit haben wir gleichzeitig schlüssig aufgezeigt, in welchen Fällen wir vom Magnetfeldeinsatz therapeutische Erfolge erwarten können. Nämlich immer dann, wenn diese Erfolge ursächlich durch eine Verbesserung des Sauerstoffstatus im Gewebe und damit in den Zellen erreichbar sind. Was natürlich nicht besagen soll, daß es außer dem von uns untersuchten O_2-Mechanismus überhaupt keine anderen Magnetfeldeinflüsse von medizinischem Interesse gäbe. Wir können uns vielmehr sogar synergistische Wirkungen vorstellen, wenn wir z. B. an die in [18] vorgeschlagene Möglichkeit denken, daß der Prozeß der mitochondrialen Sauerstoffatmung (vgl. 4.5.2, 6.2.7) beeinflußt wird.

6.1.2 Medizinische Wirkungsweise des O_2-Magnetfeldeffektes

Mit dem O_2-Magnetfeldeffekt haben wir uns klargemacht, daß und auf welche Weise unter Magnetfeldeinfluß die Durchblutung – wir denken dabei auch an den Magnetrelais-Effekt (vgl. 5.4.4) – verbessert und das Sauerstoffangebot gegenüber dem Gewebe beachtlich gesteigert werden kann. Aber welche medizinisch interessanten Wirkungen können wir nun von dem gesteigerten O_2-Angebot – mithin vom Magnetfeld – erwarten?

So komplex die Antwort auf diese Frage nach der Rolle des Sauerstoffes auch sein mag (vgl. z. B. [16]), einen ganz wichtigen Aspekt erkennen wir sofort. Es ist die Energieversorgung von Gewebe und Zelle. Sie wird uns später – insbesondere unter 6.2.7 – noch beschäftigen. Hier nur soviel: Die zelluläre Energiegewinnung erfolgt im wesentlichen durch biologische Oxidation – in den Mitochondrien – und zwar von Glukose (aus Kohlenhydraten), Fettsäuren (aus Fetten) und Aminosäuren (aus Eiweißen). Einen Vorgang also, der, neben diesen Brennstoffen, Sauerstoff benötigt und der – bei im allgemeinen guter Brennstoffversorgungslage – durch die Sauerstoffzufuhr bestimmt und limitiert wird.

Die Energieversorgung von Gewebe und Zelle ihrerseits ist naturgemäß bestimmend für sämtliche dort ablaufenden Vorgänge, die Energie benötigen. Also ganz besonders: regenerative Prozesse, Stärkung der körpereigenen Abwehr, mechanische Leistungen und Wärmeentwicklung. Damit können wir vom Magnetfeld therapeutische Wirksamkeit immer dann erwarten, wenn eine Intensivierung derartiger Vorgänge über eine verbesserte Energiebereitstellung die jeweilige Krankheitsursache bekämpft. Mit dem Begriff der Durchblutung verdeutlicht:

Da die Durchblutung über die Sauerstoffversorgung von Gewebe und Zelle die Energiegewinnung in der Zelle beeinflußt, werden wir uns therapeutische Wirksamkeit von Magnetfeldern immer dann versprechen, wenn wir für die jeweilige Erkrankung einen therapeutischen Effekt durch verbesserte Durchblutung erwarten oder schon kennen. Wobei wir dann die Durchblutung selbst durch die Magnetfeldbehandlung steigern.

Unter diesen Gesichtspunkten können wir für die Magnetfeldbehandlung als – sicher noch ergänzungs- und erweiterungsfähigen – stichwortartigen Einsatzplan zusammenstellen:

- Durchblutungsstörungen
  periphere Durchblutung
  Extremitäten
- Migräne
- Alterungsprozeß
  lokale Alterungserscheinungen
- Alterung der Haut
  verschlechterter Spannungszustand (Tugor) der Haut
- Hautunreinheiten
  Akne
- Wundheilung
  Stützgewebebildung
- Knochenheilung
- Arthritis
  Polyarthritis
- Rheuma
- Arthrose
- Körpereigene Abwehr
- Krebs
  – Therapie
  – Prophylaxe
  – Risikosenkung nach chirurgischer Tumorentfernung

Es ist klar, daß in manchen der voranstehenden Fälle eine stärker lokalisierte Magnetfeldanwendung (z. B. bei kosmetischen Hautbehandlungen), in anderen Fällen die Behandlung eines größeren Teiles des Körpers (z. B. zur Steigerung der körpereigenen Abwehr) angezeigt ist. Auch die nötigen Behandlungszeiten werden stark unterschiedlich sein, wie wir sehen, wenn wir beispielsweise die Behandlung eines Migräneanfalles und die Förderung der Wundheilung vergleichen.

Einen wichtigen Gesichtspunkt müssen wir noch beachten: Um im Stoffwechsel wirksam werden zu können, wird der ursprünglich »träge« Sauerstoff biochemisch aktiviert. Dabei entstehen oxidative Sauerstoffspezies – z. B. das starke Oxidans Wasserstoffperoxid –, die nicht nur wie »gewünscht« wirken, sondern durch ihre Aggressivität zugleich auch ein biochemisches Gefährdungspotential darstellen (vgl. [16]). Im Hinblick auf dieses Potential macht die – angezeigte – Ausnutzung der lokalen Applizierbarkeit des Magnetfeldes und der – damit einhergehende – im wesentlichen auf den behandelten Körperbereich beschränkte O_2-Effekt die Magnetfeldbehandlung zu einem schonenden Behandlungsverfahren mit dem Wirkstoff O_2.

Anzumerken bleibt noch, daß wir – durch den gemeinsamen Wirkstoff O_2 bedingt – für viele unserer Einsatzgebiete Übereinstimmung mit den Einsatzgebieten einer O_2-Ganzkörpermethode, der Sauerstoff-Mehrschritt-Therapie nach *Manfred v. Ardenne* (vgl. [12], [13], [14], [15], sehen können. Es drängt sich der Gedanke auf, daß wir uns von einer Kombination beider Methoden – der Magnetfeldbehandlung und der Sauerstoff-Mehrschritt-Therapie – synergistische Effekte versprechen können.

Allein schon, wenn wir uns das dementsprechende Zusammenspiel von durch die Sauerstoff-Mehrschritt-Therapie stark verbesserter O_2-Aufnahme im Gewebe mit dem direkt am Hämoglobinmolekül O_2-freisetzend angreifenden Magnetfeld vorstellen. Hinzu kommt das Zusammenwirken des Schaltmechanismus der Mikrozirkulation, der bei der Sauerstoff-Mehrschritt-Therapie eine wichtige Rolle spielt (vgl. [12], [13], [14]), und der magnetfeldinduzierten O_2-Abgabe im Magnetrelais-Effekt (vgl. 5.4.4). Insgesamt können wir bestimmt in der Kombinationsmöglichkeit beider Methoden, auf die auch an anderer Stelle (vgl. [15]) hingewiesen wird, ein therapeutisch fruchtbares Feld weiterer Forschungsarbeit sehen.

6.2 Ausgewählte Beispiele

6.2.1 Periphere Durchblutung

U. Warnke [17] berichtet über Untersuchungen der peripheren Durchblutung. Als indirektes relatives Maß der Durchblutung wurde die Infrarotstrahlung des Menschen gewählt. Die Untersuchungen wurden vorgenommen an Kopf, Brustkorb, Arm und Hand verschiedener Probanden. Angelegt wurden magnetische Wechselfelder von 50 Hz mit einer maximalen Feldstärke von etwa $2{,}4 \cdot 10^3$ A/m Effektivwert in Impulspaketen mit bestimmten Folgefrequenzen, z. B. 10 Hz, 30 Hz. Innerhalb weniger Minuten erhöht sich die Infrarotstrahlung lokaler Körperoberflächen. Die entsprechenden Temperaturdifferenzen betrugen immerhin bis zu 3 °C.

Aus den Thermogrammen kann eindeutig entnommen werden: Die durch das Magnetfeld kontinuierlich zunehmende Abstrahlung – praktisch Wärmestrahlung – des Körpers geht von den Blutgefäßen mit ihrer sich aufheizenden Gewebsumgebung aus, visuell durch ständig zunehmende Helligkeit im Infrarot-Wiedergabegerät beobachtbar.

Diese Versuche sind so eindrucks- wie bedeutungsvoll. Denn hier haben wir einen direkten, noch dazu visuell beobachtbaren Nachweis des Magnetfeldeinflusses auf die »Verbrennung«, vergleichbar mit einem magnetischen Einblasen von Sauerstoff, vor uns. Und vor allem unter Applikationsgesichtspunkten wichtig ist auch das Ergebnis, wonach die energetische Wirksamkeit praktisch sofort eintritt, denn das können wir sagen, wenn die gesteigerte Wärmeabstrahlung bzw. Temperaturerhöhung innerhalb weniger Minuten so deutlich nachweisbar ist.

Besonders hervorgehoben zu werden verdient ein Nebeneffekt: Die Einwirkung eines Magnetfeldes von etwa $0{,}5 \cdot 10^3$ A/m am Hinterkopf rief ebenfalls gesteigerte Abstrahlung – d. h. Erwärmung – an den Handextremitäten hervor.

Über diesen Effekt können wir interessante Vermutungen anstellen. Naheliegend ist die Annahme, daß für die Temperatur-einstellung der Handextremitäten zuständige Bereiche im Gehirn durch magnetisch induzierte erhöhte Sauerstoffzufuhr energetisch angeregt werden. Mindestens dürfen wir wohl in diesem Effekt den Nachweis sehen, daß das Gehirn sensibel (niedrige Feldstärke!) auf den magnetfeldinduzierten O_2-Effekt und die damit verbundene erhöhte O_2-Versorgung reagiert. Eine Feststellung, die z. B. für die Magnetfeldbehandlung von Migräne hervorzuheben ist.

Hier haben wir ganz sicher einen Ansatzpunkt für weitere Untersuchungen, die sehr wahrscheinlich zusätzliche therapeutische Möglichkeiten für den magnetfeldinduzierten O_2-Effekt liefern.

Über ähnliche Untersuchungen wie die voranstehend skizzierten berichtet O. *Bergsmann* [20]. Hier wird ein Magnetfeld von etwa $12 \cdot 10^3$ A/m angewandt, das zwei mit einer Frequenz von ca. 1,2 Hz rotierende Blockmagnete erzeugen. Magnetfeldwerte, die etwa den von uns als besonders wirkungsvoll abgeschätzten Angaben entsprechen. Behandelt wurden mit dem Magnetfeld die Füße von Patienten, bei denen sich im Zusammenhang mit Störungen des Bewegungsapparates Durchblutungsstörungen an den unteren Extremitäten fanden. Die Durchblutung der Füße wurde mittels Infrarotkamera kontrolliert. Auch hier ließ sich klar die nach kurzer Zeit einsetzende stark temperaturerhöhende Wirkung der Magnetfeldbehandlung zeigen.

In derselben Veröffentlichung wird ferner auf die Magnetfeldanwendung in der Schmerztherapie hingewiesen: Danach sprechen Schmerzen auf der Basis reflektorisch ausgelöster muskularer Spannungszustände gut an.

Die Beeinflussung der Durchblutung beschränkt sich nicht nur auf magnetische Wechselfelder, wie wir sie eben anhand der Arbeiten von U. *Warnke* und O. *Bergsmann* kennengelernt haben. P. *Kokoschinegg* [23] berichtet über Untersuchungen auch mit statischen Magnetfeldern, bei denen Magnetfolien in Fällen von Durchblutungsstörungen aufgebracht wurden. Die Temperaturkontrolle der Körperoberfläche erfolgte mittels Kontaktthermometer und Infrarotkamera. In bis zu 30 Minuten nach Aufbringen der Magnetfolie konnten lokale Temperaturanstiege bis zu über 3 °C beobachtet werden.

Es zeigte sich: Je stärker die Durchblutungsstörung, desto größer der mögliche Temperaturanstieg.

Bei längerer Anwendung der Magnetfolie – von einigen Stunden bis zu Tagen – konnte entkrampfende Wirkung festgestellt werden. Darüber hinaus ergaben die Untersuchungen eine starke entzündungshemmende Wirkung der Folien.

6.2.2 Wundheilung

In unserem Einsatzplan für den magnetfeldinduzierten O_2-Effekt, kurz gesagt für die Magnetfeldbehandlung, steht auch die Wundheilung. Warum, das wird uns sofort klar, wenn wir bedenken, daß die Wundheilung ein Wiederaufbau ist, bei dem neues Gewebe gebildet wird, ein Prozeß also, der verständlicherweise einen hohen Energiebedarf hat. Da aber die Energiegewinnung durch Sauerstoff »angeblasen« wird, können wir erwarten, daß der magnetfeldinduzierte O_2-Effekt die Wundheilung beschleunigt und verbessert.

In dieser Auffassung werden wir durch den nachgewiesenen hohen O_2-Bedarf der Wundheilung (vgl. [16]) bestärkt; die drei Phasen der Wundheilung – exsudative, proliferative und reparative Phase – weisen ausgeprägte O_2-Verbrauchsspitzen auf, denen Maxima der Bindegewebsproduktion entsprechen.

Eine durch den magnetfeldinduzierten O_2-Effekt beschleunigte und verbesserte Wundheilung können wir darüber hinaus sicher auch deswegen erwarten, weil im Wundbereich die körpereigene Abwehr zur Infektbekämpfung besonders gefordert und dabei durch ein erhöhtes Sauerstoffangebot gestärkt wird. Dies gilt auch für die desinfizierende Wirkung von Sauerstoff: Die Keimzahl von Wunden nimmt deutlich mit steigendem pO_2 ab (vgl. [16]).

Zum Thema Wundheilung unter Magnetfeldeinfluß ist eine Reihe von Untersuchungen mit beeindruckenden Ergebnissen durchgeführt worden.

W. Kraus [19] berichtet über die Heilung verätzter, nekrotisierender Hautwunden, bei denen der Versuch mit Magnetfeld den Kontrollversuch ohne Magnetfeld im Grade der nach zehn Tagen erreichten Orientierung der kollagenen Fasern übertrifft.

Derselbe Autor beschreibt in [18] den Einfluß niederfrequenter Felder auf die Wundheilung in der Rückenhaut von Ratten. Dabei wurde das definiert verätzte Unterhautgewebe täglich acht Stunden mit einem Magnetfeld von etwa $6,4 \cdot 10^3$ A/m und einer Frequenz von 22 Hz (Sinus) in Richtung der langen Körperachse behandelt. Innerhalb von 21 bis 26 Tagen schlossen sich Wunden von 12 cm², während magnetisch unbehandelte Vergleichswunden noch nach dem 50. Tag offene Hautbereiche und Schorf aufwiesen.

Wie hervorgehoben wird, konnten diese Ergebnisse durch klinische Beobachtungen bestätigt werden. Hierbei wurden identische Wundflächen mit als meist tief zweitgradig eingestuften Verbrennungen täglich sechs Stunden mit Magnetfeldern von etwa $1,6 \cdot 10^3$ A/m bis $2,4 \cdot 10^3$ A/m und einer Frequenz von 20 Hz behandelt und das Heilungsergebnis mit demjenigen magnetisch unbehandelter Wundflächen desselben Patienten verglichen. In fast allen Fällen konnte eine beschleunigte spontane Epitalisierung und bessere Vernarbung beobachtet werden. Der Eindruck des Heilungsverlaufes wird dahingehend zusammengefaßt, daß durch die Magnetfeldbehandlung die schlecht heilenden Wunden auf das normale Wundheilungsniveau angehoben werden.

Wunden werden im allgemeinen mit Verbandmaterial abgedeckt. Es bietet sich an, in Verbindung damit Permanentmagnete – also Magnete ohne Stromversorgung – während der Heilung im Bereich einer Wunde anzubringen.

W. Mühlbauer [21] stellt Heilungsergebnisse vor, die mit gürtelartig aufgebrachten Paaren von kleinen Permanentmagneten aus Strontiumferrit – Luft- bzw. Feldspalt eines jeden Paares entlang dem Inzisionswundspalt (Bauchdecke) – erzielt wurden. Mit diesem »magnetischen Reißverschluß« konnte ein guter nahtloser Wundverschluß erreicht werden, der gegenüber dem zum Vergleich konventionell vernähten Teil der Wunde eine deutlich höhere Narbenqualität zeigt.

Eine derartige Magnetanordnung wurde auch auf die Ränder von Verbrennungswunden angewandt. Neben diesem nahtlosen Wundverschluß wurde wiederum zum Vergleich genäht. In aller Regel heilten die Wunden im Magnetfeld mit einer reizlosen Narbenlinie im Umgebungsniveau ab. Die nicht magnetfeldbehandelten Wundanteile desselben Keloids zeigten dagegen wiederum Hypertrophiezeichen. Hierzu geben in [21] eindrucksvolle Aufnahmen Verbrennungskeloide über beiden Unterkiefern eines Patienten wieder.

Im Tierversuch an Kaninchen und Zwergschweinen war zunächst ein nahtloser Wundverschluß mit äußerlich aufgeklebten Permanentmagneten entwickelt worden. Dabei lieferten die magnetfeldbehandelten Inzisionen sehr zarte, strichförmige und völlig niveaugleiche Narbenlinien ohne überschießende Reaktionen.

Als histologisch besonders bemerkenswert und klinisch erhärtet fiel geordnetes Wachstum der kollagenen Faserbündel parallel zum Magnetfeld – und somit quer zum Wundspalt – auf, während die Kontrollwunde ohne Magnetfeld vergleichsweise ungeordnetes, lückenhaftes Durcheinander zeigt. Auffallend das frühzeitige Ausreifen der Fibroblasten zu Fibrozyten (Bindegewebszellen) im Magnetfeld.

Kleine Erinnerung:

Kollagene (Kólla = griechisch Leim: aus kollagenen Fasern entsteht durch Kochen Leim – früher als »Knochenleim« populär) gehören, neben Kreatinen und Elastinen, zu den sogenannten Faserproteinen. Die Kollagene sind die am stärksten vertretenen Proteine im menschlichen Bindegewebe (vgl. 4.2.3), jenem Gewebe also, das die Organe miteinander verbindet und den Zusammenhalt des Körpers gewährleistet. Die verschiedenen Kollagene unterscheiden sich untereinander durch ihre Aminosäuren (vgl. 4.4.4), d. h. durch ihr »Aminogramm«. Sie bilden lange

Fadenmoleküle mit einem Molekulargewicht bis zu etwa 300 000, aus denen sich die Bindegewebsfasern zusammensetzen: Viele miteinander vernetzte Proteinfilamente bilden die sogenannten Fibrillen (fibra = Faser), zahlreiche, zueinander parallele Fibrillen wiederum eine kollagene Faser. Die Heilung einer Wunde erfolgt durch das Bindegewebe. Durch den Einbau vieler kollagener Fasern wird sie zur Narbe, die oberflächlich durch Epithelgewebe gedeckt werden kann.

Mit handelsüblichen Magnetpflastern (Tai-ki Acudot) hat *P. Kokoschinegg* [22] gearbeitet. Auf einem Pflaster von 20 mm Durchmesser befindet sich danach vormontiert ein Ferritmagnet von 5 mm Durchmesser und etwa 2,25 mm Höhe. Über der Mitte beträgt in 3 mm Abstand die Feldstärke etwa $11 \cdot 10^3$ A/m und fällt nach den Seiten hin rasch ab. Hier wird eine – mit Aufnahmen illustrierte – sehr erfolgreiche Narbenbehandlung bei Patienten hervorgehoben, insbesondere auch an Verbrennungsnarben.

In [23] berichtet *P. Kokoschinegg* über die Narbenbehandlung mit aufgebrachten Magnetfolien. Auch hierbei konnte eine deutliche Verbesserung der Narbenqualität erreicht werden wie auch die Befreiung von Schmerzen im betroffenen Bereich.

Ebenfalls durch Anbringen von Dauermagneten konnte der Heilungsprozeß nahtlos wieder vereinigter Nervenenden im Tierexperiment deutlich verbessert werden [21]. Die unter Magnetfeldeinfluß durchgewachsenen Axone erscheinen als völlig parallel ausgerichtet und ohne störende Wucherungen der bindegewebigen Scheiden, nach drei Monaten war die eigentliche Anastomosenstelle fast nicht mehr erkennbar.

Die durch im Wundbereich angebrachte Permanentmagnete beachtlich verbesserte Wundheilung bzw. Narbenbildung, die wir eben durch Berichte [21], [22], [23] kennengelernt haben, erfolgte naturgemäß unter dem Einfluß statischer Magnetfelder.

Darüber hinaus erfahren wir von *Mühlbauer* in [21] auch – in ähnlicher Weise wie durch *Kraus* in [18] – von in Zusammenarbeit mit *Kraus* und *Lang* durchgeführten klinischen Untersuchungen zum Einfluß niedrigfrequenter magnetischer Wechselfelder auf Heilungsvorgänge großflächiger Brand- und Verätzungswunden.

Hierbei wurden Wundflächen – wie auch in [18] angegeben –, meist tief zweitgradige Verbrennungen, mit schlechter Tendenz zur Spontanheilung, täglich sechs Stunden mit Magnetfeldern von etwa $1,6 \cdot 10^3$ A/m bis etwa $8 \cdot 10^3$ A/m behandelt.

In fast allen Fällen konnte nach drei bis vier Wochen beschleunigte spontane Epithelisierung mit anschließend besserer Narbenbildung – gekennzeichnet durch höheren Vascularisierungsgrad, höhere Elastizität und gesteigerte mechanische Widerstandsfähigkeit – gegenüber gleichartigen, aber magnetisch unbehandelt gebliebenen Wundflächen festgestellt werden.

Auch sehr schlecht heilende Wunden und trophische Ulcera, bis dahin allen Therapieversuchen »trotzend«, konnten mit dem magnetischen Wechselfeld nach vier bis acht Wochen zur Abheilung mit einer stabilen, belastbaren Restnarbe gebracht werden.

6.2.3 Knochenheilung

Das für die Wundheilung Gesagte gilt grundsätzlich natürlich auch für die Knochenheilung: ein Aufbauprozeß mit großem Energiebedarf, der durch erhöhte Sauerstoffzufuhr entsprechend besser gedeckt wird. In den kapillären Flüssigkeitsräumen der Gelenke und Knochen können wir die Angriffswege des Sauerstoffs sehen. Nicht nur für die Knochenheilung selbst, sondern auch im Hinblick auf die Bekämpfung von Entzündungen im Gelenkbereich (Arthritis), z. B. rheumatischer Genese, die sicher schon so mancher von uns als stark erwärmtes, geschwollenes und schmerzendes Knie – eben als Kniegelenkentzündung – kennengelernt hat.

Entzündungen, die von der Synovia (Gelenkschmiere) ausgehen, oft im Laufe der Zeit Degenerationserscheinungen des Knorpels bewirken und so zu Wegbereitern einer Arthrose (s. später) werden können. Hier können wir von einem verbesserten Sauerstoffangebot durch den magnetfeldinduzierten O_2-Effekt insbesondere über eine besser versorgte körpereigene Abwehr eine gesteigerte Entzündungsbekämpfung erwarten.

Den von uns erwarteten Einfluß des Sauerstoffangebotes auf die Knochenheilung, der ja aus unserer Sicht die Knochenheilung zum Zielgebiet für den Einsatz des Magnetfeldes macht, hebt *C. A. L. Basset* [25] hervor.

Die äußere Knochenhaut (Periost), wie auch die innere Knochenhaut (Endost) sind ständig in der Lage, frische Knochensubstanz zu bilden. Ausschließlich durch diese beiden Elemente findet die Heilung von Knochenbrüchen (Frakturen) statt. Auf beide übt die Verletzung einen Reiz aus und regt sie zur Bildung von Kallus an, von geflechtartigem, »jugendlichem« Knochen also, der den Bruchspalt überbrückt und die Bruchstücke miteinander verbindet, Grundmaterial für späteren Umbau in Lamellenknochen.

Die Weiterverarbeitung der jetzt in den Spalt einwandernden mesenchymalen (generische Anknüpfung: Mesenchym = embryonales Bindegewebe) Elemente wird nun nach [25] u. a. durch die Verfügbarkeit von Sauerstoff gesteuert. Wenn die Sauerstoffzufuhr nicht mit den Wanderzellen Schritt hält, entsteht Faserknorpel, während umgekehrt mit wachsendem Sauerstoffangebot die Umwandlung in Knochen gefördert wird.

Zahlreiche Untersuchungen beschäftigen sich mit dem Magnetfeldeinsatz zur Knochenheilung in Klinik und Praxis. Viele knüpfen an Arbeiten von *W. Kraus* und *F. Lechner* [26], [27] an. Sie entwickelten ein Verfahren, bei dem mit Hilfe eines Funktionsgenerators in einer Spulenanordnung ein pulsierendes Magnetfeld von etwa $2,4 \cdot 10^3$ A/m erzeugt wird, das seinerseits in einem sogenannten Übertrager eine Wechselspannung induziert.

Dieser Übertrager wird – meist im Knochennagel untergebracht – im Bruch- und Heilungsbereich des Knochens implantiert. Seine Enden, oder besser elektrischen Ausgänge, sind im Gewebe verbunden mit Elektroden, zwischen denen von der Spannung ein elektrischer Strom unterhalten wird.

Die Anwendung zielt auf Spontanfrakturen (frische Knochen-

182

brüche) und Pseudoarthrosen (Falschgelenk), ein Krankheitsbild, das im allgemeinen infolge eines gestörten Heilungsverlaufes von Knochenbrüchen als gelenkartige Knochenverbindung an falschen Stellen auftritt.

Die genannten Autoren setzten – was wir wohl als ursprünglich näherliegend ansehen können – auch reine Spulen ein, also ohne Übertrager und nur mit dem Magnetfeld als »Wirkstoff«.

In einer Reihe von Veröffentlichungen, die wohl die ganz überwiegende Mehrzahl darstellen dürften (vgl. z. B. [18], [26]−[36]), finden wir positive Ergebnisse des Magnetfeldeinsatzes wiedergegeben; stark vertreten ist die Übertragermethode nach *Kraus* und *Lechner,* aber auch die reine Spule wird eingesetzt.

O. Gleichmann [37], [38] berichtet über bemerkenswerte Heilerfolge bei mit Bandscheibenveränderungen verbundenen Veränderungen der Wirbelkörper (Entkalkungseffekt an den Wirbelkörpern) und bei Hüftgelenkarthrose (Arthrose: Verbrauchskrankheit, die sich häufig aus Arthritis entwickelt). Darüber hinaus aber – und das macht diese Arbeiten für uns als Information besonders interessant – werden auch als Heilerfolge mitgeteilt: Einfluß auf die Funktion von Herz und Kreislauf (wie Beseitigung von Insuffizienten bzw. Stauungserscheinungen) Nierenverkalkung und Muskelatrophie. Verwandt wird eine große Spule, die auch eine Ganzkörperbehandlung gestattet, mit einem Magnetfeld von etwa $8 \cdot 10^3$ A/m in der Spulenmitte. Gepulst wird durch Einweggleichrichtung des 50-Hz-Stromes.

Die in den voranstehend angegebenen Untersuchungen nur mit einer Magnetspule erzielten Ergebnisse können wir uns im Sinne unserer angestellten Überlegungen leicht durch den magnetfeldinduzierten O_2-Effekt erklären. Wie sieht es aber bei Verwendung des genannten Übertragers aus? Hier werden im allgemeinen elektrische, auch piezoelektrische Effekte unter Einfluß der Übertragerspannung angeführt. Warum beschäftigen wir uns dann hier, wo es um den magnetfeldinduzierten O_2-Effekt geht, auch mit der Übertragermethode? Da ist zunächst einmal die Wegbereiterrolle für die Magnetfeldbehandlung. Zum anderen ist nach unseren Erkenntnissen der magnetfeldinduzierte O_2-Effekt so etwas wie der ständige Begleiter von Magnetfeldern, vor allem dann, wenn sich die magnetische Feldstärke bereits in der Größenordnung der Übertragermethode bewegt und gepulst wird. Dabei müssen wir in Betracht ziehen, daß sich diesen angelegten, äußeren Magnetfeldern von Wirbelströmen in metallischen Implantaten herrührende, zusätzliche Magnetfelder überlagern können. Das hängt nicht zuletzt von Material und Form der Implantate sowie ihrer Lage zum äußeren Magnetfeld und natürlich von dessen Frequenz ab. Mit anderen Worten: Wir können erwarten, daß der magnetfeldinduzierte O_2-Effekt auch hier eine Rolle spielt.

6.2.4 Magnetische Stimulierung von Akupunktur-Punkten

Was ist Akupunktur? Die schlichte Antwort auf diese Frage lautet: die Nutzbarmachung schmerzempfindlicher Hautpunkte für Diagnose und Therapie.

Die Akupunktur (acus = Nadel, punctura = Stich) besteht darin, daß an bestimmten Punkten der Körperdecke in das Unterhautzellgewebe feine Metallnadeln eingeführt werden. Sie verbleiben dort mit ganz unterschiedlicher Dauer, von einigen Sekunden bis zu mehreren Stunden. Diese Punkte sind entweder spontan oder auf Fingerdruck schmerzempfindlich. Ihre Punktur bewirkt zunächst unmittelbare, lokale Schmerzlinderung. Dann folgt eine Tonisierung (Anregung) oder Sedation (Beruhigung) eines mehr oder weniger weit entfernten kranken Organs. Oder auch einer in ihrem Gleichgewicht gestörten Funktion. Häufig wird Goldnadeln eine tonisierende und Silbernadeln eine sedierende Wirkung zugeschrieben.

Die Akupunktur geht auf sehr alte Erfahrungen zurück: Das erste Buch über diesen Zweig der chinesischen Medizin wurde 200 Jahre vor Beginn unserer Zeitrechnung geschrieben und faßt

184

bereits die Erfahrungen mehrerer davorliegender Jahrhunderte zusammen.

Für einige hundert Punkte auf unserem Körper ist bekannt, an welchen Stellen oder in welchen Organen ihre Reizung ganz bestimmte Wirkungen hervorruft. Sie werden, meist durch Linien – den sogenannten Meridianen – miteinander verbunden, in Atlanten aufgezeichnet, die sicher jeder von uns schon gesehen hat.

Der elektrische Hautwiderstand, der zwischen einer aufgesetzten Stiftelektrode und der Haut gemessen wird und sicherlich einer Reihe von Einflüssen unterliegt, soll über Akupunktur-Punkten gegenüber der Umgebung erniedrigt sein. Entsprechende Geräte zur Punktsuche, etwa mit den Abmessungen eines größeren Füllfederhalters, sind im Handel.

Wie die Erfahrung lehrt, ist die Wahl des Reizmittels der Akupunktur-Punkte, zumindest grundsätzlich, nicht übermäßig kritisch. Im alten China wurden Nadeln aus Bambus, Stein oder Knochen benutzt. Und wie sich gezeigt hat, kann die Stimulation auch durch Druck (Akupressur), lokale Erwärmung (Moxibustion), elektrische Ströme, Laserstrahlen und auch durch Magnete erfolgen.

Wir haben solche Magnete in Verbindung mit Pflastern als Tai-Ki Acudot schon durch die Publikation [22] von *P. Kokoschinegg* in ihrer Wirksamkeit bei der Narbenbehandlung (vgl. 6.2.2) kennengelernt. In derselben Veröffentlichung berichtet der Autor auch über die Anwendung der Tai-Ki-Acudot-Magnete zur Stimulierung von Akupunktur-Punkten. Die Magnete wurden bei einer größeren Zahl von Patienten für mindestens eine Woche auf den Akupunktur-Punkten belassen, und zwar entsprechend der Punktsymmetrie auf beiden Körperseiten.

Ausgewählt wurden Punkte, denen Wirksamkeit zugeordnet wird bei Zervikalsyndrom (40%), Schulter-Arm-Syndrom (70%), Migräne (75%) und Ischialgie (75%), wobei wir die in [22] gemachten Angaben über Besserungsfälle grob in Prozentangaben umgesetzt haben, die für sich sprechen.

Eine umfangreiche Zusammenstellung über die Einsatzmöglichkeiten der genannten Magnete finden wir an anderer Stelle in [40].

Wo liegt nun die Verbindung der magnetisch stimulierten Akupunktur-Punkte zum magnetfeldinduzierten O_2-Effekt? Sie liegt in einer Hypothese, die wir wagen: Es ist die durch das Magnetfeld stark erhöhte Sauerstoffbereitstellung in der Akupunkturzone, die den Reiz, die Stimulierung bewirkt. Sei es nun ganz einfach über eine lokale, sich ins Gewebe erstreckende Temperaturerhöhung (vgl. 6.2.1), eine energetische Anhebung von der Akupunkturzone ausgehender Signale oder eine allgemeine Verstärkung des Stoffwechselgeschehens. Bei Richtigkeit unserer Hypothese bieten sich zweifellos Möglichkeiten, die stimulierende Wirkung der Magnete durch flankierende Maßnahmen wie Sauerstoffbehandlung zu steigern.

H. L. König gibt in [39] eine umfassende Übersicht biologischer Wirkungen von Umweltfaktoren, insbesondere von Feldern, und referiert u. a. die deutliche therapeutische Wirkung eines Dauermagnetarmbandes auf die Schultersteife ([41]). Für uns liegt die Vermutung nahe, daß solche und ähnliche, am Körper getragene Magnetgegenstände »zufällig« mit ihren, durch die Körperbewegung etwas schwankenden Magnetfeldern Akupunktur-Punkte treffen und über den O_2-Effekt stimulieren. Ein wichtiger Vorteil in der Applikation: Körpermagnete brauchen keinen Strom.

6.2.5 Magnetfeldunterstützte Massage

Hinter einem scheinbar so einfachen Verfahrensbegriff wie der Massage verbirgt sich in Wahrheit ein außerordentlich komplexes Gebiet, und wir wollen hier nicht den Versuch einer umfassenderen Darstellung machen, sondern vielmehr für ein vertieftes Eindringen in dieses vom technischen Aufwand her eher bescheidene, natürliche und auf breiter Basis anwendbare Heilverfahren auf die Fachliteratur (z. B. [3], [4], [42]) verweisen.

Hier nur soviel:

Die klassische Massage wird bei Störungen eingesetzt, die sich im Bereich des Bewegungsapparates auswirken. Stark spezialisierte Massagemethoden dagegen werden zur – über nervös-reflektorischem Weg erfolgenden – Beeinflussung innerer Organe angewandt. Die klassische Massage, von der hier die Rede ist, unterscheidet

- Streichen (Effleurage),
- Kneten oder Walken (Pétrissage),
- Reiben (Friktion),
- Unterhautfaszienstrich.

Ungefähr 50 % der Gesamtmasse des menschlichen Körpers sind Muskeln. Sie bestehen zu etwa 75 % aus Wasser, 5 % Nicht-Eiweiß-Stoffen (hauptsächlich Kalium, Natrium, Magnesium, Chlor, organischen Phosphat- und Stickstoffverbindungen, Glykogen, Fetten) und zu 20 % aus Proteinen (Eiweißen), z. B. auch dem Sauerstoffspeicher Myoglobin (vgl. 4.5.2), der dem Muskel seine rote Farbe gibt. Den eigentlichen Verkürzungs- und Spannungszustand des Muskels bewirken die kontraktilen Proteine Aktin und Myosin. Ketten dieser Moleküle stellen die kleinste, funktionelle, kontraktile Muskeleinheit (Sarkomer) dar. Aggregate davon bilden die Myofibrillen und diese wiederum als nächsthöhere Einheit Muskelfasern, deren mittlerer Durchmesser rund 40−50 µm beträgt.

Umschlossen wird die Muskelfaser von der Muskelfasermembran (Sarkolemm), die gleichzeitig Zellmembran ist und über die Eigenschaften der Erregbarkeit und Erregungsleitung verfügt.

Störungen im Muskelbereich können naturgemäß die Grundlage von Störungen im Bereich des Bewegungsapparates bilden. Hier liegt deshalb ein Angriffsschwerpunkt der klassischen Massage.

Worin können wir nun die ursächlichen Einflüsse der Massage auf die Muskulatur sehen?

Funktionelle Störungen der Muskulatur beruhen zu einem großen Teil auf einer mangelhaften Sauerstoffversorgung. Der

Sauerstoffmangel zwingt den Muskel teilweise zu einer anaeroben (ohne O_2) Umwandlung von Glukose zu dem Reaktionsprodukt Milchsäure, in deren Gefolge es zu Ermüdungskontrakturen, letztlich mechanischen Verspannungen also, kommt, in der Form des Muskelkaters wohlbekannt. Die Verspannungen können sich kettenreaktionsartig verstärken: Erhöhte Spannungen in der Muskulatur behindern sowohl den Blutan- als auch den Blutabtransport. Dadurch verschlechtert sich wiederum die O_2-Versorgung mit der Folge erhöhter Spannungen. Schon beim Erreichen von ca. 15 % der Maximalspannung des Muskels kann es dann zu einer totalen, abschnürungsartigen Drosselung der Durchblutung kommen.

Die therapeutische Wirkung der Massage beruht zweifellos zu einem erheblichen Teil auf einer Aktivierung der Zirkulation (vgl. 4.2.4), durch die der Teufelskreis aus O_2-Unterversorgung und Verspannung durchbrochen wird. Die Aktivierung erfolgt durch Wiederinbetriebnahme, d. h. Zuschalten von bis dahin ruhenden Kapillaren, wie wir sie bereits unter 4.2.4 bei der Behandlung der Kapillarnetze mit ihren Sphinkterfunktionen kennengelernt haben. Eine Rolle bei diesem Vorgang spielen histaminähnliche Zellbestandteile (Gewebshormone), die durch den Massagedruck aus den Zellen freigesetzt werden und nicht nur ruhende Kapillaren wieder öffnen, sondern auch zur Erweiterung noch funktionierender Kapillaren führen.

Der Rest ist nun schnell gesagt und nach dem Vorausgegangenen sofort verständlich:

Der massierte Körperbereich sollte sich, wo immer möglich, gleichzeitig in einem Magnetfeld befinden, das über den magnetfeldinduzierten O_2-Effekt die Sauerstoffbereitstellung verbessert und gemeinsam mit der Massage einen wirkungsvollen synergistischen Effekt, vor allem eine schnellere und tiefer greifende Wirkung der Massage erwarten läßt.

Wir wollen noch anfügen, daß speziell bei der Beseitigung von Muskelverspannungen, von denen vor allem auch der moderne Schreibtischtäter häufig geplagt ist, neben Massage auch ein Saunabesuch wahre Wunder bewirken kann. Der Gedanke, auch

Sauna und Magnetfeld miteinander zu kombinieren, liegt nahe. Und nicht nur im Falle von Verspannungen, sondern wegen der Kreislaufwirkungen der Sauna allgemein zur Unterstützung der Magnetfeldbehandlung und umgekehrt.

6.2.6 Magnetfeldunterstützte Kosmetik

Die Hauptangriffsfläche der Kosmetik ist, im wahrsten Sinne des Wortes, die Haut, und es ist ihr Ziel, die Erscheinung der Haut möglichst günstig zu gestalten. Eine kosmetische Behandlung der Haut ist häufig mit Massage – mindestens mit einer leichten Streichmassage – verbunden.

Aufbau der Haut (Derma)

- »Eigentliche« Haut (Cutis) bestehend aus
  – Oberhaut (Epidermis),
  – Lederhaut (Corium),
- Unterhaut (Subcutis).

Oberhaut (Epidermis):
Zusammengesetzt aus
- Keimschicht,
  hier entstehen ständig neue Zellen, die langsam nach außen geschoben werden, während gleichzeitig, damit einhergehend, ihr Gehalt an Hornsubstanz (Keratin) ständig zunimmt und die Zellen absterben. Außen bildet sich schließlich die Hornhaut. Die Keimschicht ist Sitz der Hautpigmente. Sie ist mit der »wasserdichten« *Reinschen* Membran gegen die Hornhaut abgegrenzt. Unter dieser Membran stehen die Gewebe mit den Kapillaren der Haut in Verbindung. Der Wassergehalt der Keimschicht beträgt normalerweise etwa 70 % − 80 %.
- Hornhaut,
  sie bildet den Schutzpanzer. Von der Hornhaut lösen sich ständig Plättchen ab und werden durch Zellnachschub aus der Keimschicht ersetzt. Der Rhythmus dieser Hauterneuerung ist

ungefähr ein Monat. Der Wassergehalt der Hornhaut beträgt normalerweise etwa 10 %.

Lederhaut (Corium):
Durchschnittlich etwa 1 mm dick und aus einem dichten kollagenen Fasergeflecht bestehend. Die Lederhaut besitzt eine hohe Elastizität, vor allem die jugendliche Lederhaut. Im Zustand schwacher Belastung weisen die Kollagenfaserbündel eine gewisse Welligkeit auf, wie wir sie bereits bei den Arterien (vgl. 4.2.2) kennengelernt haben. Ihre Dehnbarkeit selbst ist gering, dafür verändert sich aber bei Belastung ihre Wellenstruktur, die hier eine Feder darstellt. Für die Rückstellung sorgen elastische Fasernetze um die Kollagenfaserbündel herum.

Die Lederhaut ist von einer großen Zahl feiner Gefäße durchzogen, die die Haut ernähren und den Abtransport von Stoffwechselprodukten besorgen. Diese Gefäße tragen erheblich zur Elastizität der Lederhaut bei. In der Lederhaut haben ferner die Schweißdrüsen ihren Sitz sowie die Haarwurzeln mit ihren angeschlossenen Schmiervorrichtungen (Talgdrüsen).

An der Grenze zwischen Oberhaut und Lederhaut greifen die sogenannten Papillarkörper als fingerförmige, feine Auswüchse ineinander. Das ergibt eine feste Bindung zwischen Oberhaut und Lederhaut.

Aus dem Corium von Tierhäuten wird beim Gerben Leder hergestellt, daher der Name Lederhaut dieser keineswegs lederartigen Hautschicht.

Unterhaut (Subcutis):
Die Lederhaut geht unter zunehmender Einlagerung von Fettzellen in lockeres Fasergewebe allmählich in die Subcutis über. Sie wird wegen ihres hohen Fettgehaltes auch als Unterhautfettgewebe bezeichnet. Sie ist Fettreservoir und Schutz gegen Stöße und Wärmeverlust zugleich.

Angriffsgebiet 1: Oberhaut

Die äußere Erscheinung, die Oberfläche der Haut, ist zunächst einmal stark vom Zustand der Hornhaut geprägt. Diese besitzt zwar einen geringen Wassergehalt, der aber ist für die Geschmeidigkeit der Hornhaut unerläßlich.

Auf natürliche Weise verliert der menschliche Körper normalerweise täglich etwa 10 g Hornhaut durch Abschuppen, ein Verlust, der durch verhornende Zellen aus der Keimschicht ersetzt wird, wie bereits erwähnt. Wir haben also einen ständig nach außen fließenden Zellstrom vor uns. Er bewirkt eine Regeneration der Haut: Alte, beschädigte oder mit abgelagerten Fremdstoffen behaftete Hornzellen werden ununterbrochen abgestoßen und durch frische Zellen ersetzt. Dabei wird auch das Wachs erneuert, das als Kleister zwischen den dachziegelartig lose aufeinanderliegenden, flachen Hornzellen wirkt und die Konsistenz der Hornhaut entscheidend mitbestimmt.

Der dynamische Charakter der Oberhaut macht, ähnlich wie die Wund- und Knochenheilung, die ständige Zufuhr von Energie erforderlich. Die Zellen der Keimschicht benötigen diese Energie für ihre ununterbrochene Zellteilungsaktivität, und dazu gehört, neben Nähr- und Hilfsstoffen, wiederum der die Energiegewinnung »anblasende« Sauerstoff. Damit können wir eine bedeutende Verbesserung der dynamischen Situation der Oberhaut, ihres Regenerierungsvorganges also und damit des Zustandes ihrer äußeren Zone, der Hornhaut, vom magnetfeldinduzierten O_2-Effekt erwarten. Also durch Magnetfeldanwendung z. B. bei der Hautmassage.

Angriffsgebiet 2: Lederhaut

Für das Relief, im Klartext für den Faltenzustand der Haut, ist die Lederhaut verantwortlich. Eines ist klar: Hohe Elastizität = weniger Falten.

Hier lauern im wesentlichen zwei Gefahren:
● Die Spannkraft der Faserbündelgewebe läßt nach,

- die Verbindung zwischen Lederhaut und Oberhaut wird lockerer, weil die Papillarkörper, mit denen beide Hautschichten formschlüssig ineinandergreifen und Kräfte übertragen, flacher werden. Die noch vorhandene Elastizität teilt sich dann nicht mehr so gut und sichtbar der Oberhaut mit.

In beiden Fällen handelt es sich ganz eindeutig um Degenerationserscheinungen, die als solche grundsätzlich mit einem Energiedefizit im zellulären Bereich zusammenhängen. Mit anderen Worten: denen mit einer verbesserten Energieversorgung von Gewebe und Zellen – und d. h. wiederum Sauerstoff durch Magnetfeldeinsatz – entgegengewirkt werden kann.

Wie hoch der Sauerstoff in der Kosmetik eingeschätzt wird, können wir u. a. daran erkennen, daß die Wirksamkeit von Präparaten »zur Steigerung des Hautstoffwechsels« über den Sauerstoffverbrauch der Haut in vivo bewertet wird (vgl. [43]), auch an tierischem Substrat (vgl. [44]).

Hautunreinheiten

Noch ein Wort zum Komplex Hautunreinheiten, Pickel, Akne.

Hierbei handelt es sich um Entzündungserscheinungen in Verbindung mit verstopften Talgdrüsen. In den Talg können Hautkeime wandern, die dann zu eitrigen Entzündungen führen. Eine Mischung aus abgestoßenen Hornzellen und Eiterkeimen bilden als Pickel und Akneknoten bekannte Eiterknötchen. Besonders unangenehm ist, daß die abheilenden Defekte Narben hinterlassen, die – natürlich vor allem im Gesicht – sehr entstellend sein können. Die Entzündungen treten hauptsächlich – infolge hormonbedingtem Ansteigen der Talgproduktion – vorzugsweise bei Jugendlichen auf, die dann die Narben für den langen »Rest ihres Lebens« tragen müssen. Hier ist also Abhilfe höchst wünschenswert.

Auch hier ist sicher eine Magnetfeldbehandlung mit ihrem O_2-Effekt angezeigt. Und zwar aus zwei Gründen: Die verbesserte Sauerstoffsituation ist gewiß günstig für den Entzündungsver-

192

lauf. Darüber hinaus können wir aber, wie bei der Wund- und Narbenbehandlung (vgl. 6.2.2), unauffällige Narbenbildung erwarten.

Beispielsweise bietet sich hierbei – in Anlehnung an die Untersuchungen von *Kokoschinegg* [22] (vgl. 6.2.2) – die Behandlung mit Magnetpflastern vom Typ Tai-Ki Acudot an, sicher in Verbindung mit einer möglichst dünnen (Abnahme der magnetischen Feldstärke H mit der Entfernung!) Lage von Verbandstoff. Mindestens in der Heilungsphase.

6.2.7 Krebshygiene

Grundsätzliche Methodik

Wir können davon ausgehen, daß von den Einwohnern der Industrieländer ungefähr jeder dritte an Krebs erkrankt. Etwa jeder fünfte Einwohner stirbt an Krebs. Und von den Menschen, die hinter einer Todesrate von 20 % stehen, sterben die meisten nicht »wie vom Blitz getroffen«, sondern in einer Tragödie, die sich abspielt zwischen Furcht und Hoffnung: Denn über 80 % der Krebs-Todesfälle treten infolge Metastasenbildung ein (vgl. [46]).

»Das« Mittel gegen Krebs ist nicht vorhanden. Was tun? Die Antwort auf diese Frage liefert uns ein Vergleich aus einem nicht gerade erfreulichen, aber doch weniger gefährlichen Bereich: unseren Zahnerkrankungen, insbesondere Karies (Zahnfäule). Bekanntlich sammeln sich zwischen den Zähnen und in Zahnfurchen (Fissuren) Speisereste und Bakterien. Vor allem die Gärung von Kohlenhydraten zu Milchsäure ist dabei gefährlich, denn die Milchsäure greift allmählich den Zahnschmelz an. Das Zerstörungswerk wird dann von Fäulnisbakterien fortgesetzt.

Einen zuverlässigen Schutz im Sinne einer Anti-Karies-Pille gibt es nicht. Was uns bleibt, ist Hygiene, also Gesundheitspflege, und zwar in dreifachem Sinne, nämlich:

● Meidung entsprechender Speisen,
● regelmäßiges Zähneputzen, am besten nach jeder Mahlzeit,

um Speisereste und Bakterien, kurz Mikroherde, zu entfernen,
● ständige Selbstkontrolle (Spiegel!) und regelmäßige ärztliche
Kontrolle, um eventuell doch auftretende Karies in frühem
Stadium ohne größeren Zahnschaden entfernen zu können.

Möglicherweise träte Karies so gut wie überhaupt nicht auf,
wenn alle Menschen von Kindesbeinen an ihre Zähne nach jeder
Mahlzeit gründlich reinigen würden. Und das täten wir mit ziemlicher Sicherheit, wenn Karies tödlich wäre.

Das beste Mittel gegen Krebs ist, wie bei Karies: nicht bekommen. Und das heißt Hygiene. Wie aber sieht derzeit unsere Kör-
perhygiene aus? Treiben wir im allgemeinen nicht nur Teilhy-
giene, indem wir – und das ja meist nicht einmal regelmäßig –
eine gewisse Selbstkontrolle ausüben und zur ärztlichen Untersuchung gehen und, natürlich, den Kontakt mit bekanntermaßen
krebserregenden (kanzerogenen) Stoffen meiden?

Wünschenswert ist hier doch offenbar eine Vollhygiene, also
auch eine aktive Vorsorge im Sinne – wir erlauben uns noch einmal den profanen Vergleich – des Zähneputzens: regelmäßige
Beseitigung von Mikroherden. Und diese Vollhygiene sollte vor
allem auch auf die Zeit nach einer Krebsbehandlung ausgedehnt
werden. Zur Bekämpfung übriggebliebener und daraus neu ge-
bildeter Krebszellen und Krebszellhaufen, Mikroherden von
Metastasen also. Besonders für die Zeit nach einer Krebsbehandlung sollten wir, neben der möglichen Beeinflussung des
Krebsgeschehens selbst, aber ebenso die psychologische Seite
sehen, die letztlich auch die organische Situation beeinflußt:
Statt tatenlos-quälendem Warten darauf, »wie es ausgegangen
ist«, geschieht etwas.

Vor allem aber wollen wir nicht vergessen: Fehlende Vollhygiene gegenüber der Krebsgefahr kann tödlich enden. Und wahrscheinlich tut sie das derzeit auch für rund 20 % aller Menschen.

Einen wichtigen Schritt in Richtung Vollhygiene können wir in
der Anwendung der Sauerstoff-Mehrschritt-Therapie zur Krebsprophylaxe (vgl. [12], [13], [14], [15]) sehen. Wegen desselben

»Wirkstoffes« O_2 ergibt sich aber auch hier eine Einsatzmöglichkeit für den magnetfeldinduzierten O_2-Effekt, kurz für das Magnetfeld. Sicher wiederum mit ergänzenden und synergistischen Effekten beider Methoden. Ehe wir uns jedoch mit Vollhygiene und hier besonders mit aktiver Vorsorge weitergehend befassen, wollen wir vorbereitend zunächst versuchen, zu einem vertieften Verständnis des Krebsgeschehens zu gelangen.

Was ist Krebs?

Besser fragen wir danach, wodurch sich Krebszellen von normalen Zellen unterscheiden.

Das auffälligste Merkmal von Krebszellen ist sicher ihr unkontrolliertes Wachstum. Dieses Verhalten läßt sich in vitro sehr augenfällig demonstrieren, indem man Zellen im Nährmedium auf einer Glasplatte wachsen läßt (vgl. [47], [48]): Normale Zellen zeigen große Affinität zu Körperoberflächen. Statt im Nährmedium herumzuschwimmen, haften sie am Glasboden (Bild 45) und breiten sich durch Zellteilung seitlich zu einer einlagigen Schicht aus. Zellteilung und Wachstum der Zellpopulation werden gestoppt, sobald sich die Zellen gegenseitig berühren. Ein Effekt, der als Kontakthemmung bezeichnet wird. Bei Krebszellen fehlt diese Kontakthemmung wie auch die große Affinität zur Unterlagenoberfläche, sie wachsen auch nach gegenseitiger Berührung weiter, zu einer mehrschichtigen, unregelmäßigen Masse (Bild 46).

Das unterschiedliche adhäsive Verhalten – ein Oberflächeneffekt – gegenüber der Glasplatte kann uns vermuten lassen, daß die Krebszellen eine gegenüber normalen Zellen stark veränderte Oberflächenstruktur besitzen, mit der die fehlende Kontakthemmung zusammenhängt. Und diese fehlende Kontakthemmung ihrerseits ist es, die den Krebszellen ihr unkontrolliertes Wachstum ermöglicht, mit dem sie sich auch über Gewebsgrenzen hinweg ausbreiten, die im Gegensatz dazu von den hier ansässigen normalen Zellen als Grenzen ihres spezifischen Gewebes respektiert werden.

Bild 45. Wachstum normaler Zellen in einem Nährmedium. Wichtige Kennzeichen: Gute Haftung auf der Unterlagenoberfläche (Glasboden), Zellteilung und Wachstum der Zellpopulation werden gestoppt, sobald sich die Zellen berühren und eine einlagige Schicht bilden (Kontakthemmung).

Bild 46. Wachstum von Krebszellen in einem Nährmedium. Wichtige Kennzeichen: Keine große Affinität zur Unterlagenoberfläche (Glasboden), Zellteilung und Wachstum der Zellpopulation geht auch nach gegenseitiger Berührung weiter, zu einer mehrlagigen, unregelmäßigen Masse (fehlende Kontakthemmung).

196

Tatsächlich unterscheiden sich die Krebszellen in ihrer äußeren Membran, also ihrer Oberfläche, von normalen Zellen. Und dieser Unterschied ist nicht nur, wie wir vermutet haben, für die fehlende Kontakthemmung verantwortlich. Er besteht glücklicherweise auch darin, daß die Oberfläche der Krebszellen sogenannte Antigene trägt, die von der körpereigenen Abwehr als »Feindkennung« bewertet werden. Darauf kommen wir noch zurück.

Nun zu einem weiteren wichtigen Unterschied der Krebszellen gegenüber den gesunden, den normalen Zellen. Er betrifft die Energiegewinnung.

Zellen können grundsätzlich ihre Energie aus dem Energieträger Traubenzucker (Glukose) auf zwei Wegen gewinnen, die eigentlich zwei aufeinanderfolgende Wegabschnitte sind, wie wir etwas später sehen werden:

- Gärung
  Hierbei wird die Glukose in einer Reihe von Zwischenreaktionen in Milchsäure verwandelt. Ein Molekül Glukose ergibt zwei Moleküle Milchsäure.
- Atmung, Oxidation
  Hierbei sind die Endprodukte CO_2 und H_2O. Je Mol Glukose wird gegenüber der Gärung die 15fache Energiemenge gewonnen (vgl. [5], [12], [57]).

Das Schema dieser Wege zur Energiegewinnung zeigt uns Bild 47. Mit der gewonnenen Energie wird der Treibstoff der Organismenwelt, das Adenosintriphosphat ATP aus Adenosindiphosphat ADP energetisch hochgepumpt, aus dem Rest wird als »Verlust« Körperwärme. Die Strukturformel des berühmten Biotreibstoffes ATP, mit dem auch unsere Muskeln arbeiten, zeigt uns Bild 48. Dies zur Erläuterung.

Wichtig für uns und unser Krebsproblem ist nun: Im Unterschied zur gesunden Zelle vergärt die Krebszelle ständig (!) Glukose zu Milchsäure und wächst dabei – auch in Gegenwart von Sauerstoff (vgl. z. B. [47], [49]−[53]).

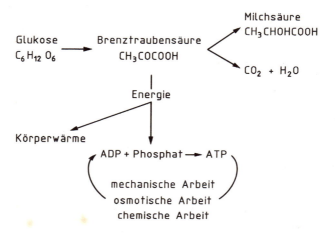

Bild 47. Energiegewinnung der Zelle aus Glukose. Vergärung zu Milchsäure und/oder Oxidation zu $CO_2 + H_2O$. Mit der gewonnenen Energie wird der eigentliche biologische Treibstoff, das Adenosintriphosphat (ATP) aus Adenosindiphosphat (ADP) energetisch hochgepumpt. Die Energie des ATP wird in mechanische, osmotische und chemische Arbeit umgesetzt, wobei sich ATP in ADP verwandelt, das dann wieder energetisch zu ATP hochgepumpt wird. Ferner fällt Körperwärme an.

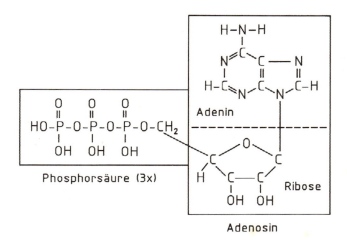

Adenosin

Bild 48. Struktur des Adenosintriphosphat (ATP). Es enthält den Zuk-
ker Ribose, ein Monosaccharid mit 5 Kohlenstoffatomen. (Ribose =
Pentose), während vergleichsweise das Monosaccharid Glukose 6
Kohlenstoffatome besitzt (Glukose = Hexose). Das 5. Kohlenstoff-
atom der Ribose ist mit bei der Phosphorsäure eingezeichnet.

199

Natürlich, Glukosevergärung zu Milchsäure findet auch in gesunden Zellen statt. Aber eben nicht permanent, und das Gewebe dieser Zellen ist dabei hinsichtlich seines Wachstums in einem stationären Zustand. Wir haben die zeitweilige Gärungs-Betriebsweise bei den Überlegungen zur magnetfeldunterstützten Massage unter 6.2.5 kennengelernt: Mangelhafte Sauerstoffversorgung zwingt den Muskel zur Milchsäuregärung, bis die Muskelverspannungen sich lösen und für normale O_2-Versorgung gesorgt ist.

Der gleiche Effekt kann in der Anfangsphase einer körperlichen Anstrengung auftreten, wenn vom Blutkreislauf her die dem plötzlich gesteigerten Bedarf entsprechende Sauerstoffzufuhr noch nicht im Muskel angekommen ist und dort von O_2-Reserven gelebt wird. Wir erinnern uns hier an die O_2-Zwischenspeicherfunktion des Myoglobins (vgl. 4.5.2). Diese Phase ist sauer für uns, im wahrsten Sinne des Wortes, wenn wir an die Milchsäure im Muskel denken. Der Muskel schaltet, meist deutlich als wohltuende Überwindung des toten Punktes empfunden, auf oxidative Betriebsweise um, sobald es seine Sauerstoffversorgung zuläßt.

Interessant ist auch, daß embryonales Gewebe eine relativ starke Glukosevergärung zeigt, die dann im Laufe der Entwicklung stufenweise reduziert wird (vgl. [55]).

Und noch etwas. Daß die Krebszellen ständig vergären, heißt nicht automatisch, daß sie das zu 100 % tun (vgl. [50]): In soliden Tumoren, also größeren Gebilden, ist die Sauerstoffversorgung verhältnismäßig schlecht, und die Krebszellen sind fast 100%ig auf Gärung eingestellt. Dagegen wird in Krebszellen, die vereinzelt in gesunden Geweben auftreten, aber auch in Krebszellen kleinster Metastasen, unter normalem Sauerstoffangebot vom Kreislauf her etwas mehr Glukose statt auf dem Gärungsweg durch Atmung (Oxidation) umgesetzt. Der Gärungsanteil liegt bei den Metastasen im Bereich 70 % − 90 %. In Zellaggregationen mit gutem Sauerstoffangebot, die also noch nicht zu groß sind und noch relativ wenige ($<$ 10^5) Krebszellen umfassen, bestreiten die Krebszellen ihren Energiebedarf sogar überwiegend

durch Atmung (Oxidation), was ihnen um so leichter fällt, als –
wie schon erwähnt – die Energieausbeute bei Oxidation das
15fache der Energieausbeute bei Gärung beträgt.

Die grundlegenden Erkenntnisse über den Gärungsstoffwech-
sel der Krebszellen verdanken wir *Otto Warburg* (1883–1970)
(vgl. z. B. [54], [55]).

Schließlich kommen wir zu einem besonderen Merkmal der
Krebszellen, das eng mit der Energiegewinnung zusammenhängt. Es betrifft die Mitochondrien. Jene bakterienhaft autono-
men Gebilde innerhalb einer Zelle also, etwa von der Gestalt
eines Ellipsoids und mit Durchmessern von etwa 0,5μm–2μm,
eingeschlossen von einer dünnen, doppelten Membran und ein-
gebettet in das Zytoplasma (Zellplasma), die wir früher (4.5.2
Abschnitt Myoglobin) als Zellöfen bezeichnet hatten.

Mit Recht. Denn die Mitochondrien weisen in ihrem Innern
ein System von Kammern auf, die mit Enzymen (Stoffwechselka-
talysatoren, Katalysatoren der lebenden Zelle) für die Atmung –
den energiereichen, oxidativen Prozeß der u. a. Glukoseumsetzung also – und für die Phosphorylierung (Stichwort: ADP →
ATP) angefüllt sind. Diese Vorgänge finden hier statt, wobei mit
einem Wirkungsgrad von mindestens 60% aus dem oxidativen
Prozeß stammende Energie in ATP-Energie gepumpt und ATP
in den Mitochondrien gespeichert wird.

Demgegenüber ist die Gärung eher eine Angelegenheit des
flüssigen Zellprotoplasmas: Hier finden wir den größten Teil der
zur Gärung nötigen Enzyme.

Wir verstehen nun sofort: Beschädigte Mitochondrien bedeuten gestörte Atmung (Oxidation). Und genau das ist in den
Krebszellen der Fall. Ihre Mitochondrien sind defekt, sie weisen
eine geringe Enzymaktivität auf, ihre Zahl ist vermindert und
damit die ATP-Konzentration in den Krebszellen herabgesetzt
(vgl. [55], [56]).

Wie entsteht Krebs?

Wir wollen die Frage gleich in den ursächlichen Zusammenhang bringen und uns statt dessen genauer fragen, was gesunde, normale Körperzellen dazu bringen kann, zu Krebszellen zu werden.

An den Anfang unserer Überlegungen hierzu, die vielleicht eher den Charakter einer Plausibilitätsbetrachtung haben, stellen wir eine Gesetzmäßigkeit, die wohl die meisten von uns im – mehr oder weniger lange zurückliegenden – Biologieunterricht kennengelernt haben: das »Biogenetische Grundgesetz«, das *Ernst Haeckel* 1866 formulierte. Danach ist die Entwicklung des Einzelwesens (Ontogenese) eine verkürzte Entwicklung, eine Wiederholung im Zeitrafferverfahren sozusagen, der Stammesgeschichte (Phylogenese). Wir finden dementsprechend diese Entwicklung vom Einzeller über primitive Mehrzeller, Hohl- und Weichtiere bis hin zu Wirbeltieren und Säugern beim menschlichen Embryo wieder, zumindest angedeutet oder mit im Laufe der weiteren Entwicklung wieder verschwindenden Merkmalen, wie beispielsweise Kiemenspalten, mehreren Anlagen für Milchdrüsen und dichte Behaarung.

Die Erbsubstanz eines jeden sich entwickelnden Individuums kennt ganz offensichtlich die Stammesgeschichte. Mit anderen Worten: Die Stammesgeschichte ist noch im genetischen Code, als Struktur in den Ketten der DNS (Desoxyribonukleinsäure) der menschlichen Chromosomen also, enthalten. Und ganz offensichtlich auch sind die Informationsstrukturen, die die Ausbildung einer stammesgeschichtlichen Urform bewirken, später im Laufe der stammesgeschichtlichen Entwicklung mit Zusätzen versehen worden, die die Ausbildung der höher entwickelten Formen steuern. Aber: Die Urinformationen wurden eben nicht gelöscht. Wir haben hier den Text einer biologischen Arbeitsanweisung für Ausentwicklung und Leben des Individuums vor uns, der während der stammesgeschichtlichen Entwicklung ständig fortgeschrieben wurde. Und wir sehen schon jetzt, was sich

202

ereignen kann. Nämlich ein in der Biologie als Atavismus bezeichneter Rückfall in phylogenetisch frühere Formen durch Aufdecken alter Texte.

Und nun ein Blick zurück:

Das Leben hat sich auf der Erde anfänglich mit ziemlicher Sicherheit in einer Umgebung fast ohne gasförmigen Sauerstoff entwickelt. Erst das Auftreten der sauerstofferzeugenden Photosynthese ließ den O_2-Gehalt der Atmosphäre allmählich auf die heutige Größenordnung ansteigen.

Die Lebensformen der sauerstofflosen Welt mußten zwangsläufig ihren Energiebedarf durch einen Prozeß ohne Sauerstoffmitwirkung decken: die Gärung. Sie ist die stammesgeschichtliche Urform der Energiegewinnung.

Was sich anschloß, war die Anpassung an den Sauerstoff, die in der »Erfindung« der Atmungs-Reaktionskette mit Oxidation und ATP gipfelte und zu einer Fortschreibung des genetischen Arbeitsplanes für die Zellen des Individuums führte. Aus (vgl. Bild 47)

    ... Glukose umsetzen in Brenztraubensäure,
        ständig zu Milchsäure vergären ...

wurde

    ... Glukose umsetzen in Brenztraubensäure,
        ständig zu Milchsäure vergären stoppen, zu $CO_2 + H_2O$ oxidieren ...

Denkbar ist (vgl. [57]), daß hierbei ein Schritt in Richtung Höherentwicklung und -strukturierung vollzogen wurde durch eine symbioseartige Aufnahme bereits O_2-verarbeitender Bakterien in einfache Phagozyten. Dann hätten wir in der heutigen Zelle den Nachfahren jenes Gebildes vor uns und innerhalb der Zelle in Gestalt der Mitochondrien die Nachkommen jener O_2-verarbeitender Bakterien. Das macht die Konzentration der Atmung (Oxidation) auf die Mitochondrien und deren Autonomie plausibel. Die Fähigkeit der Urbakterien zur O_2-Verarbeitung übrigens können wir uns als Erbe mit Photosynthese arbeitender Bakterienvorfahren vorstellen.

Außer der sauerstofflosen Energiegewinnung der Urformen des Lebens gibt es einen weiteren, für unsere Überlegungen überaus wichtigen Umstand. Wir müssen uns nämlich fragen, welchen Überlebensvorteil eine Kontakthemmung des Wachstums bei diesen ein- und wenigzelligen Urformen gehabt hätte. Ganz klar: keinen. Ihr Lebensgesetz konnte nur lauten »wachsen und teilen«, es sei denn, die Nahrung geht aus.

Genau nach diesem Gesetz verfährt aber die befruchtete menschliche Eizelle und der sich bildende Zellhaufen. Jedenfalls zunächst. Bald folgt dann Hemmung bzw. Strukturierung. Aber, und das ist ganz wichtig, das Gesetz »wachsen und teilen« ist ganz offenbar im genetischen Code als Arbeitsanweisung enthalten. Diese wurde bei späteren Fortschreibungen durch das Kommando zur Kontakthemmung eingeschränkt und in andere Bahnen gelenkt.

Wir können uns nun vorstellen, daß im Laufe der stammesgeschichtlichen Entwicklung der genetische Code der individuellen biologischen Arbeitsanweisung etwa gleichzeitig den Zusatz »... vergären stoppen, zu $CO_2 + H_2O$ oxidieren ...« und den Zusatz mit dem Kommando zur Kontakthemmung erhielt. Denn im Grunde wird beides für Organismen bei Erreichen einer bestimmten, durch den Grad ihrer Strukturierung charakterisierten Höhe der Entwicklung nötig:

- Die stärkere Strukturierung (informationstheoretisch: höhere Informationsmenge; thermodynamisch: niedrigere Entropie) benötigt zu ihrem Aufbau mehr Energie und macht zu ihrer Aufrechterhaltung die ständige Zufuhr erhöhter Energiemengen nötig, etwa vergleichbar mit dem erhöhten ständigen Erhaltungsaufwand eines größeren, komplexeren Werkgebäudes. Und dieser gesteigerte Energiebedarf wird durch Übergang auf die effizientere Oxidation – Faktor 15 gegenüber der Vergärung der Glukose zu Milchsäure – erreicht und natürlich als Anweisung im genetischen Code bzw. Text berücksichtigt.

- Die stärkere Strukturierung bedeutet höheren Ordnungsgrad. Und der ist mit einem unkontrollierten, ungehemmten Wachstum von Aggregationen sich unaufhörlich teilender Zellen, also mit dem uneingeschränkten Gesetz »teilen und wachsen«, unvereinbar. Deshalb Kontakthemmung und Aufnahme des entsprechenden Kommandos in die Arbeitsanweisung, den genetischen Code also, in Klarschrift ausgedrückt, in den genetischen Text.

Der gleichzeitig mit den beiden Zusätzen versehene genetische Text der biologischen Arbeitsanweisung lautet nun:

U   Z

… Glukose umsetzen in Brenztrauben-
säure, ständig zu Milchsäure vergären …… stoppen, zu CO_2 + H_2O oxidieren,
wachsen und teilen …… bis Kontakt zum Nachbarn …

Wegen der plausiblen stammesgeschichtlichen Gleichzeitigkeit schon der Niederschrift der Urtexte (linker Teil U), später der Zusätze (rechter Teil Z), können wir erwarten, daß jeweils die Texte dieser Teile U und Z als Blöcke mit einem gewissen Zusammenhalt, wohl auch in räumlicher Nähe zueinander, im Gesamttext – d. h. in den DNS-Ketten – stehen, so wie wir das schematisch voranstehend angedeutet haben.

Das Entscheidende sehen wir nun ganz klar:

Bei einer Störung des genetischen Codes, der DNS also, kann der Text auseinanderfallen. Die Teilinformation Z ergibt für sich keinen Sinn. Was bleibt und realisierbare Arbeitsanweisungen für die Zelle enthält, ist das Bruchstück U:

U

… Glukose umsetzen in Brenztrauben-
säure, ständig zu Milchsäure vergären
wachsen und teilen

Und genau der Inhalt von U ist das Lebensgesetz der Krebs-zelle.

Die Krebsforschung nennt Gene, die Krebs auslösen können, Onkogene (Onkologie = Lehre von den Geschwülsten), die in (harmlosen) Proto-Onkogenen (Ur-Onkogenen) enthalten sind und, aus diesen einmal hervorgegangen, krebserzeugend wirken. Wenn wir wollen, können wir unsere im wesentlichen nur auf der Grundlage des Biogenetischen Grundgesetzes und der Tatsachen der Milchsäuregärung sowie fehlender Kontakthemmung bei Krebszellen postulierten Blöcke UZ als Proto-Onkogene und U als Onkogene ansehen. Grund für den Plural: Die Blöcke können noch andere genetische Informationen enthalten, so daß sich eine Proto-Onkogen- bzw. Onkogen-Familie ergibt. Wir wollen uns dabei vor Augen halten, daß unsere Darstellung ein vereinfachendes Schema ist, das, als wesentliches Element der Krebsentstehung, den ontogenetisch-phylogenetischen Zusammenhang verdeutlichen soll.

Um bei unserem Bild zu bleiben: Wo aber kommt der Bruch zwischen U und Z her, wer löst diese Mutation einer Zelle aus, die über Zellteilung – unter ständiger Kopie (= Vererbung) des Gen-Bruches – aus dieser in Richtung Krebs mutierten Zelle einen großen Krebszellhaufen, einen Tumor also, werden lassen kann? Hier kennen wir vor allem die lange Liste kanzerogener (krebserregender) Stoffe, die Wirkung ultravioletter Lichtstrahlung (Hautkrebs) und radioaktiver bzw. ionisierender Strahlung einschließlich Röntgen und Gammastrahlung, die wir als eine besonders kurzwellige und daher energiereiche Röntgenstrahlung auffassen können. Hinzu kommen wahrscheinlich auch Viren.

Auch über die Entstehung von Krebszellen aus Normalzellen einer Gewebskultur (Herzfibroblast) durch Sauerstoffmangel wird berichtet (vgl. [58]). Da hierbei (in vitro) der Einfluß einer durch O_2-Mangel in ihrer Aktivität eingeschränkten körpereigenen Abwehr (z. B. T-Lymphozyten) ausgeschlossen werden kann, muß es sich um einen direkten O_2-Einfluß auf die Zellen

206

handeln, der in unserem Sinne zu einem Bruch zwischen den genetischen Informationsblöcken U und Z führt.

Da die Zellteilung, bei der auch die Genbibliothek kopiert wird, einen beträchtlichen Bedarf an Energie hat, deren Bereitstellung aber, wie wir wissen, bei Atmung (Oxidation) von der Sauerstoffbereitstellung abhängt, können wir uns die Entstehung weniger differenzierter Strukturen, wie sie mit U verbunden sind, sehr wohl vorstellen. Die Energie ist so knapp, daß es für die höhere Strukturierung – wir haben über den gesteigerten Energiebedarf höherer Strukturierung etwas weiter vorn gerade gesprochen – nicht reicht.

Otto Warburg [55] sieht in der Zellgärung – in klarer Erkenntnis des ontogenetisch-phylogenetischen Zusammenhanges – ein Erbe undifferenzierter Vorfahren, die auf Kosten der Gärungsenergie gelebt haben. Kein »blinddarmhaftes« Erbe allerdings, so wollen wir hinzufügen, sondern ein biologisch funktionelles Erbe, wenn wir an die Energiegewinnung des Muskels in Phasen geringer Sauerstoffversorgung denken.

Warburg bringt die Krebsentstehung mit der ererbten Restgärung – dies ist natürlich unsere Ausdrucksweise – in Verbindung und sieht für das Anwachsen der Gärung die Triebkraft im sauerstoffmangelbedingten Energiedefizit der Normalzellen. Krebszellen sollen durch einen Ausleseprozeß entstehen: Normalzellen mit einem angeborenen höheren Anteil von Restgärung haben in einer sauerstoffarmen Umgebung die größeren Überlebenschancen, sind besser angepaßt. Durch Zellteilungen wird dieses Erbgut des höheren Gärungsanteiles weitergegeben und im Wechselspiel mit der Überlebensauslese angehäuft.

Wenn wir davon ausgehen, so wie bisher, daß »Gärung« und »wachsen und teilen« in einem Block U des Gentextes stehen, so bedeutet der eben skizzierte Mechanismus weniger einen plötzlich auftretenden Bruch zwischen U und Z als Spontanereignis einer Zelle, sondern eher eine Entwicklung, bei der sich über viele Zellgenerationen hinweg – in unserer bildhaften Darstellungsweise – ein »Riß« allmählich zwischen U und Z schiebt und schließlich zum Bruch führt. Soweit zu dieser Erklärungsmöglichkeit für die Krebsumwandlung normaler Zellen auf der Grundlage Sauerstoff- und Energiedefizit.

Neben den ursächlichen Einfluß eines Sauerstoffdefizites auf die Bildung von Krebszellen, für den es ja auch experimentelle Hinweise gibt (vgl. [58]), wollen wir eine etwas andere Auffassung stellen. Beide Auffassungen schließen sich nicht aus, sondern sind eher geeignet, gemeinsam die beobachtete Vielfalt abzudecken.

Jede Sekunde teilen sich in einem erwachsenen Menschen mindestens vier Millionen Zellen (vgl. [59]). Das sind mehr als 10^{14} Zellteilungen pro Jahr. Eine gewaltige Zahl. Und wir dürfen nicht einfach als selbstverständlich voraussetzen, daß es bei einer so großen Zahl von Teilungen, die ja kumulativ mit den Lebensjahren noch zunimmt, nicht auch zu »Betriebsunfällen« kommt.

Nehmen wir beispielsweise die Wirkung ionisierender Strahlung. Es steht fest, daß schon geringe Absorption solcher Strahlung im Gewebe zu Ionisationsvorgängen führt, die die DNS-Stränge schädigen. Schon eine gleichmäßige Durchstrahlung des menschlichen Körpers mit 1 mSv (100 mrem), einer Äquivalentdosis also, die größenordnungsmäßig etwa der natürlichen Strahlenbelastung entspricht, bewirkt in jeder unserer Milliarden von Körperzellen einen Einzelstrangbruch in der DNS (vgl. [60]).

Allein hier schon liegt ein gewaltiges UZ-Bruchpotential, zu dem noch die bekannten zahlreichen weiteren Einflüsse kommen. So besehen, ist höher organisiertes Leben eigentlich gar nicht möglich.

Offenbar aber haben sich die Lebensformen im Laufe ihrer phylogenetischen Entwicklung den genzerstörenden Einflüssen angepaßt.

Bei höheren Formen durch ein zweifaches Sicherungssystem:

DNS-Reparatur

Die erste Maßnahme zur Sicherung der Geninformationen besteht in ausgeprägten Reparaturmechanismen für die DNS (vgl.

die Darlegungen von *A. Feldmann* [60]), deren Existenz sich anhand von Mutanten nachweisen läßt.

So macht beispielsweise der genetische Verlust von Reparaturpotential hochstrahlenresistente Bakterien um mehr als tausendmal empfindlicher gegen ionisierende Strahlung.

Einen deutlichen Hinweis liefert beispielsweise auch die sogenannte Lichtschrumpfhaut (Xeroderma) des Menschen. Die Haut ist hierbei von Geburt an hochempfindlich gegen Sonnenstrahlung, und schon geringe Dosen können warzenartige Hautstörungen erzeugen, aus denen meist in kurzer Zeit bösartige Geschwülste entstehen. Hier ist der Reparaturmechanismus für zelluläre Hautschäden, die durch ultraviolette Lichtstrahlung erzeugt werden, verlorengegangen. Der Reparaturmechanismus des gesunden Menschen beseitigt im allgemeinen die genetischen Schäden der Haut schnell und völlig, so daß dann die geschilderten Erscheinungen der Lichtschrumpfhaut nicht auftreten.

Allerdings unterschätzt der Gesunde aufgrund dieser für ihn so selbstverständlichen Erfahrung, daß nämlich die Zahl solarbedingter Hautkrebsfälle hinter der molekularbiologischen Erwartung deutlich zurückbleibt, meist die Wirkung von UV-Bestrahlungen. Wir wollen uns an dieser Stelle den Hinweis nicht versagen, daß andererseits wegen des Fehlens entsprechender persönlicher Erfahrungen mit radioaktiver Strahlung, »ohne daß etwas passiert«, die Wirkungen solcher Strahlung ganz besonders skeptisch beurteilt werden.

Nach diesen Randbemerkungen zurück direkt zur DNS-Reparatur.

Untersuchungen an bestrahlten Zellkulturen ergaben einen deutlichen Zusammenhang zwischen der Lebenserwartung der zugehörigen Tiere und dem DNS-Reparaturpotential, der Fähigkeit zur DNS-Reparatur ihrer Zellen. Je langlebiger eine Tierart, desto größer die Fähigkeit zur DNS-Reparatur. Entsprechendes gilt für die individuellen Unterschiede der Lebenserwartung innerhalb einer Art. Eine Hemmung der Aktivität von DNS-Reparaturenzymen läßt die Strahlenresistenz merklich absinken. Geschädigtes DNS-Reparaturvermögen ist mit deutlich verringerter Strahlenresistenz verbunden.

Die Leukozyten unseres Blutes verfügen über ein schwach ausgebildetes DNS-Reparatursystem. Bereits niedrige Strahlendosen führen oft zu Chromosomenschäden. Diese Eigenschaft ist aber für unseren Organismus nicht kritisch: Die Lykozenzelle lebt ohnehin nicht lange, jedenfalls nicht so lange, daß im Laufe der stammesgeschichtlichen Entwicklung ein leistungsfähiges DNS-Reparatursystem für die Schäden natürlicher radioaktiver Bestrahlung hätte entwickelt werden müssen.

Ein weiteres Beispiel liefern die Staubfadenhaare von Tradescantia mit ihrer ausgeprägten Bereitschaft zu Mutationen, von Diskussionen über Kernkraftwerke wohlbekannt. Diese Bereitschaft dürfte mit dem Verlust von Bauinformationen für Reparaturenzyme zusammenhängen. Die Zusammenhänge gleichen denen der Leukozyten: Die Staubfadenhaare sterben innerhalb weniger Tage ab, ihre Farbmutationen gewinnen in der kurzen Zeit ihrer Existenz keine biologische Bedeutung für die Pflanze, so daß auch hier in der stammesgeschichtlichen Entwicklung kein leistungsfähiges DNS-Reparatursystem nötig wurde.

Trotz der hohen täglichen Reparaturkapazität unseres Organismus, die in [60] für ionisierende Strahlung mit $0{,}02-0{,}05$ Sv ($2-5$ rem) angegeben wird, können wir nicht erwarten, daß die DNS-Reparatur, die nach einem Störeffekt einige Minuten benötigt, alle Zellen vor – genetisch relevanten – Teilungen »erwischt«. Und naturgemäß ist die Reparatur auch mit einer gewissen Fehlerrate behaftet. Und wir müssen sicher auch davon ausgehen, daß es sonstige spontane Schäden gibt, die nicht repariert werden können. Es ist also mit einem gewissen Ausschuß in Form von Zellen mit U-Text, d. h. mit gebildeten Krebszellen zu rechnen.

Übrigens können wir über die Rolle der DNS-Reparatur auch die angesprochene krebserzeugende Wirkung von Sauerstoffmangel deuten: Auch die DNS-Reparatur ist sicher ein Vorgang, der unter Energie- und damit O_2-Mangel leidet. Wir können also eine Beeinträchtigung des DNS-Reparatursystems durch O_2-Mangel erwarten, die zu bleibenden UZ-Brüchen führt. Dann spielten im Falle des Sauerstoffmangels vielleicht eher Spontanereignisse der Körperzellen eine Rolle, statt der Entwicklung im Rahmen eines Ausleseprozesses Gärung bevorzugender Zellen, wie wir sie anhand der *Warburg*schen Darlegungen [55] besprochen haben und deren Existenz durch das Aufzeigen anderer Mechanismen ja keineswegs ausgeschlossen wird. Wie schon betont, müssen wir bei der Vielfalt des zellulären Geschehens vielmehr ein Nebeneinander von Mechanismen sehen.

Körpereigene Abwehr

Die Ausschußzellen = Krebszellen, die die erste Sicherheitsstufe – das DNS-Reparatursystem – überwunden haben, erwartet im menschlichen Organismus die körpereigene, zelluläre Abwehr. Hauptträger der unspezifischen, nicht auf bestimmte Gegner dressierten Abwehr sind die polymorphkernigen Leukozyten, Hauptträger der gegnerspezifischen Abwehr die T-Lymphozyten.

Bei den T-Lymphozyten handelt es sich um weiße Blutzellen (Leukozyten). Etwa ein Drittel aller Leukozyten sind Lymphozyten (vgl. 4.3), die ihrerseits zu rund Dreiviertel aus T-Lymphozyten bestehen. Diese Zellen werden in der Thymusdrüse herangebildet, geprägt, was in der Bezeichnung T-Lymphozyten seinen Ausdruck findet. Sie sind bei der Immunabwehr von Viren und Bakterien, aber auch von entarteten körpereigenen Zellen, wie Krebszellen sie darstellen, unverzichtbar.

Eine bei der Bekämpfung von Krebszellen besonders bedeutende Untergruppe sind, häufig Killerzellen genannte, zytotoxische T-Lymphozyten. Diese Killerzellen können fremde Zellen oder verfremdete eigene Zellen über eine immunologische Reaktion erkennen, die von einem persönlichen molekularen Oberflächenmuster dieser Feindzellen ausgelöst wird. Auf diese Weise als Angriffsziel ausgemacht, können die fremdartigen Zellen von den Killerzellen angegriffen und getötet werden (Phagozytose). Damit hängt es zusammen, daß die die Gegenreaktionen auslösenden, zellspezifischen Molekülmuster der Zelloberflächen als Antigene bezeichnet werden. Offenbar gibt es sogar spezifische Tumorzellen-Antigene (vgl. [48]).

Das gesamte, voranstehend skizzierte Abwehrsystem – DNS-Reparatur plus körpereigene Abwehr – benötigt Energie. Seine Effizienz hängt entscheidend ab von der Energie- und damit auch von der Sauerstoffzufuhr. Das macht den Sauerstoff für das Abwehrsystem zu einem Betriebsstoff von essentieller Bedeutung:

- für den im Rahmen der DNS-Reparatur erfolgenden Wiederaufbau der höheren Genstruktur, das Wiedereinschreiben der Information mit der Anweisung zur Zellatmung (Oxidation),
- für die chemotaktische Zielansprache der Abwehrzellen auf die zelluläre Störung,
- für die Platzwechselvorgänge, Bewegung der Abwehrzellen,
- für die Herstellung von Kampfstoffen, insbesondere Peroxiden, die bei der Phagozytose von besonderer Bedeutung sind (vgl. [16], [61]). Für die Herstellung speziell dieses Kampfstoffes ist naturgemäß Sauerstoff ein wichtiger Rohstoff, wobei hohe Konzentrationen die Herstellung fördern.

Nunmehr übersehen wir auch die Rolle des Sauerstoffmangels bei der Krebsentstehung in ihrem vollen Umfang:

- Störung der Zellatmung, genetische Förderung der Gärung,
- Behinderung der DNS-Reparatur durch Energiemangel,
- Schwächung der körpereigenen Abwehr.

Sauerstoff ist also als Roh- und Betriebsstoff des Abwehrsystems für dessen Effizienz von entscheidender Bedeutung.

Und wir können auch angeben, wo im Gewebe die Gefahr am größten ist und auch die Wirkung des magnetfeldinduzierten O_2-Effektes besonders stark sein muß: in den Bereichen mit der schlechtesten O_2-Versorgung und daher großem O_2-Bedarf. Das sind, gemäß unseren Überlegungen über den O_2-Konzentrationsverlauf in der Kapillarumgebung (vgl. 5.4.3), die radial entfernteren Bereiche am venösen Ende der Kapillaren, so wie wir dies in Bild 49 schematisch angedeutet finden. Hier treffen wir

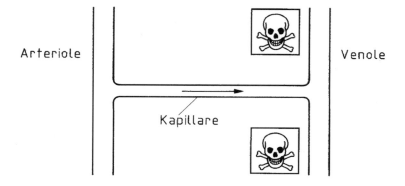

Arteriole   Kapillare   Venole

Bild 49. Besondere Gefahrenzone für die Krebsentstehung. Zum venösen Ende der Kapillaren hin und mit wachsendem radialen Abstand zur Kapillare wird – ohne besondere Maßnahmen – die Sauerstoffversorgung des Gewebes schlechter. Hier sind sowohl die Konzentration sterbender Zellen hoch als auch die Entwicklungsbedingungen für Krebszellen günstig.

eine vergleichsweise hohe Konzentration sterbender Zellen an, hier sind die Entstehungsbedingungen für Krebszellen aus gesunden Zellen besonders günstig, und hier können sich entstandene Krebszellen, am wenigsten von der Abwehr gestört, »in Ruhe« zu größeren Krebszellansammlungen entwickeln.

Welche Möglichkeiten haben wir gegenüber diesem Geschehen?

Wir können nun, aus vertieftem Verständnis heraus, wiederholen: Vollhygiene. Und das heißt:

- kanzerogene Einflüsse meiden, wie Verwendung bekanntermaßen krebserregender Stoffe in Nahrungs- und Genußmitteln sowie Kontakt mit solchen Stoffen, Meidung unzulässig hoher Strahlendosen,
- regelmäßige ärztliche Untersuchung,
- aktive Vorsorge.

Wie die aktive Vorsorge aussehen kann, ist im Vorausgegangenen schon vorgezeichnet:

Zunächst konsequente Verbesserung der Sauerstoffsituation durch eine aktive, die O_2-Versorgung der Gewebe fördernde Lebensweise. Das ist nach unseren Überlegungen über die Rolle des Sauerstoffmangels bei der Krebsentstehung klar. Und: Realisierung der – im Vergleich mit dem Zähneputzen bereits angedachten – regelmäßigen Beseitigung von Mikroherden, indem Sauerstoff als, wie wir gesehen haben, Betriebsstoff des Abwehrsystems in bestimmten Abständen immer wieder zu Vernichtungsaktionen gegen zunächst durch das Sicherheitssystem des Körpers geschlüpfte Krebszellen und Krebszellansammlungen eingesetzt wird, solange solche Ansammlungen noch klein sind. Eine regelmäßige O_2-Krebszellenwäsche des Gewebes also.

Hierzu können wir, wie schon erwähnt, die Sauerstoff-Mehrschritt-Therapie (vgl. [12], [13], [14], [15]) einsetzen. Und natürlich unser – am besten pulsierendes – Magnetfeld mit O_2-Effekt, mit dem wir uns unter 5. eingehend beschäftigt haben, als kostengünstige, einfache, durch lokale Applizierbarkeit schonende (vgl. 6.1) und für die dezentrale Anwendung gut geeignete Behandlungsmethode. Gerade die genannten Merkmale sind wichtig, wenn – dem Zähneputzen ähnlich, wenn auch nicht ganz so häufig – regelmäßige Gewebswäsche vorgenommen werden soll.

Natürlich besteht – das wollen wir nochmals besonders hervorheben – auch die Möglichkeit, das Magnetfeld unter Ausnutzung synergistischer Effekte mit der Sauerstoff-Mehrschritt-Therapie zu kombinieren, auch mit anderen Methoden, bei denen der Sauerstoff eine große, wenn nicht sogar die entscheidende Rolle spielt. Wir erinnern uns z. B. an die unter 6.2.5 besprochene Massage.

Im Falle der Magnetfeldanwendung können größere Körperbereiche behandelt werden, aber dank der lokalen Anwendbarkeit auch gezielt bekanntermaßen besonders gefährdete Körpergegenden. Dabei können z. B. auch möglicherweise erbliche, familiäre Dispositionen besonders berücksichtigt werden und, ganz wichtig, operativ bereits behandelte Gebiete sowie für Metastasenbildung besonders in Frage kommende Lymphgefäße bzw. -knoten.

Ergibt sich zunächst die Frage nach den Zeitabständen zwischen den Gewebswäschen. Sie lassen sich leicht abschätzen:

Es gibt sehr viele Vorgänge, die Vermehrung von Mikroorganismen gehört dazu (vgl. z. B. [62], [63]), bei denen die zeitliche Änderung einer Größe dieser Größe selbst proportional ist. Wenn n die Zahl vorhandener Mikroorganismen zum Zeitpunkt t ist, in unserem Fall die Zahl von Krebszellen zum Zeitpunkt t, dann gilt die einfache Differentialgleichung

$$\frac{dn}{dt} = \alpha \cdot n,$$

wobei α die sogenannte spezifische Wachstumsrate ist. Durch »Trennung der Variablen«

$$\frac{dn}{n} = \alpha \cdot dt,$$

215

mit Integration auf beiden Seiten

$$\ln n = \alpha \cdot t + C$$

(C = Integrationskonstante = $\ln n_o$, n_o = Krebszellenzahl zum Zeitpunkt des Zählbeginns t = 0), d. h.

$$\ln \frac{n}{n_o} = \alpha \cdot t,$$

und Delogarithmieren bekommen wir als Lösung der Differentialgleichung

$$n = n_o \, e^{\alpha t}.$$

Nach dieser Exponentialfunktion wächst also die Zahl n der Krebszellen mit der Zeit t an, wobei im späteren Teil unserer Abschätzungen $n_o = 1$ sein soll, denn wir wollen mit einer einzigen Krebszelle als Wurzel allen Übels starten. Wir können $1/\alpha = \tau$ setzen:

$$n = n_o \, e^{\frac{t}{\tau}},$$

τ gibt dann die Zeit an, in der sich die Krebszellenzahl um den Faktor e = 2,71 erhöht. Wenn wir, was praktisch ist, mit der Verdoppelungszeit t_2 rechnen wollen, also der Zeit, in der sich die Krebszellen um den Faktor 2 vermehren, ergibt sich aus

$$\frac{n}{n_o} = 2 = e^{\frac{t_2}{\tau}}$$

die Verdoppelungszeit

$$t_2 = \tau \ln 2.$$

Der mit der spezifischen Wachstumsrate gleichbedeutende Wert

$$M = \alpha = \frac{1}{\tau} = \frac{\ln 2}{t_2}$$

wird auch als Malignität (Bösartigkeit) eines Tumors bezeichnet (vgl. [49]). Und sicher ist dieser Wert geeignet, die Bösartigkeit

216

zu charakterisieren. Es leuchtet uns sofort ein: Je kleiner τ bzw. t_2, also die Zeit, in der die Krebszellen um den Faktor 2,71 zunehmen bzw. sich verdoppeln, desto schlimmer.

Unter Benutzung der Verdoppelungszeit t_2 können wir auch schreiben

$$n = n_0 \cdot e^{\frac{t}{\tau}} = n_0 \cdot e^{\frac{t}{t_2} \ln 2} = n_0 \cdot 2^{\frac{t}{t_2}} \, .$$

Für $n_0 = 1$, also bei einer einzigen Ausgangskrebszelle, ist

$$n = 2^{\frac{t}{t_2}} \, .$$

Für die Zeit, in der aus n_0 zu Beginn der Zeitmessung ($t = 0$) vorhandenen Krebszellen durch fortwährende Teilung n Zellen geworden sind, bekommen wir durch Logarithmieren

$$t = t_2 \, \frac{\ln \frac{n}{n_0}}{\ln 2} = \tau \ln \frac{n}{n_0}$$

und daraus für $n_0 = 1$

$$t = t_2 \, \frac{\ln n}{\ln 2} = \tau \ln n \, .$$

Bei der Verdoppelungszeit t_2 legen wir uns bei unseren Abschätzungen auf die sichere Seite, d. h. wir stellen uns vor, wir hätten den schlimmen Fall besonders hoher Malignität von Krebszellen vor uns, also mit besonders kurzer Verdoppelungszeit t_2. Wir entnehmen einer Zusammenstellung in [49] (nach [64], mit Ergänzungen) – abgesehen von chronischer Leukämie, die aber als bereits vorhandene, chronische Erkrankung nicht in den Bereich unserer vorbeugenden Hygiene fällt und für die als Verdoppelungszeit zwei bis fünf Tage angegeben werden – eine Verdoppelungszeit $t_2 = 5$ Tage als tiefsten Wert. Mit dieser Verdoppelungszeit von fünf Tagen erhalten wir ein zeitliches Anwachsen der Krebszellenzahl n, ausgehend von $n_0 = 1$, also von einer einzigen Krebszelle, wie wir es in Bild 50 dargestellt finden.

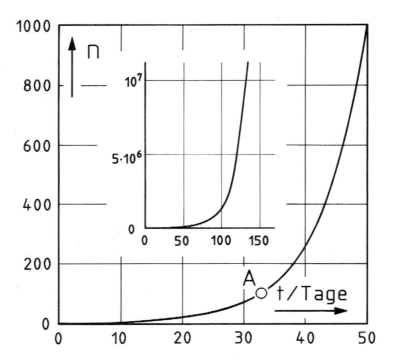

Bild 50. Zeitliches Anwachsen der Krebszellenzahl n, ausgehend von einer einzigen Krebszelle und einer besonders hohen Malignität entsprechend einer Verdopplungszeit von 5 Tagen. Der Arbeitspunkt A für den prophylaktischen Einsatz von Magnetfeldern entspricht einer vernichtbaren Krebszellenzahl von 100 und einer Zeitspanne von 33 Tagen zwischen derartigen prophylaktischen magnetischen Gewebswäschen.

Wir haben vorhin die Entstehung einer Krebszelle diskutiert. Eines ist uns danach ganz klar: Jeden Augenblick kann eine solche Zelle aus einer gesunden Zelle entstehen, jeden Augenblick kann $t = 0$ sein.

Wie die Krebszellenzahl n von der Stunde Null an wächst, haben wir soeben ausgerechnet und umgekehrt auch die Zeit t, in der eine bestimmte Zahl n erreicht wird. Wenn wir gerade eben eine unserer im Rahmen der Krebsvollhygiene vorgesehenen Krebszellenvernichtungsaktionen beendet haben, müssen wir damit rechnen, daß im nächsten Augenblick schon wieder neue Krebszellen entstehen, wir müssen also unsere Uhr sofort wieder auf $t = 0$ stellen. Die Frage ist dann, auf welche Zahl n wir die Krebszellen sich vermehren lassen wollen, ehe wir den nächsten Vernichtungsschlag führen.

Als im Rahmen der Krebsprophylaxe noch zu vernichtende Krebszellenzahl können wir als Ausgangsbasis (vgl. [12], [13], [14]) 1000 nehmen. Sicherheitshalber wollen wir um den Faktor 10 darunter gehen, also nur das Anwachsen eines Krebszellhaufens auf $n = 100$ zulassen, insbesondere auch im Hinblick auf eine möglichst praktikabel, kurze Dauer des jeweiligen Magnetfeldeinsatzes. Mit $n = 100$ (und $n_o = 1$) bekommen wir aus unserer Zeitformel $t = 33$ Tage, als Arbeitspunkt A unseres Magnetfeldeinsatzes zur Krebszellenvernichtung in Bild 50 eingetragen. Nach dieser Zeit ist die nächste Krebszellenvernichtungsaktion fällig.

Mit anderen Worten: Krebsvollhygiene würde eine etwa monatliche Gewebswäsche erfordern. Mit Sauerstoff und unter Magnetfeldeinsatz.

Zur Frage der jeweiligen Einsatzdauer. Es ist naturgemäß kaum möglich, hier genaue quantitative Angaben zu machen. Wir müssen abwägen. Die höchstzulässige Krebszellenzahl für ein Krebszellaggregat haben wir mit 100 sicher sehr niedrig angesetzt. Ferner: Das Magnetfeld wird rasch wirksam, das zeigen die Untersuchungen zur peripheren Durchblutung (vgl. 6.2.1), bei denen schon nach wenigen Minuten starke Temperaturerhöhungen beobachtet wurden, die wir im Rahmen der körpereigenen Abwehr als lokales Fieber im Magnetfeldbereich ansehen können. Beides spricht für kurze Zeiten. Trotzdem sollten wir dem Geschehen etwas Zeit lassen und die Einsatzdauer möglichst nicht unter etwa einer Stunde ansetzen. Dabei müssen wir natürlich auf Nebeneffekte, wie z. B. Erwärmung, achten. Präzise Angaben zur optimalen Einsatzdauer des Magnetfeldes müssen dem erfahrenen Mediziner vorbehalten bleiben, der diese Angaben letztlich durch – auch längerfristige – Beobachtungen hinsichtlich Wirksamkeit und Verträglichkeit gewinnt. So ist, was die Verträglichkeit betrifft, möglicherweise die Aufteilung der jeweiligen Behandlung in mehrere Phasen mit dazwischenliegenden Erholungspausen günstiger, z. B. statt einer Stunde dreimal × 20 Minuten.

Achtsamkeit, vor allem auch bei der Einsatzdauer, ist sicher besonders im Herzgebiet geboten, wenn wir beispielsweise an die Krebshygiene im Bereich der weiblichen Brust denken. Wir erinnern an dieser Stelle auch an die Einhaltung der seitens der Gerätehersteller und -lieferanten gestellten Forderungen (vgl. 5.3.2).

An dieser Stelle noch einige wichtige Hinweise zum Gefährdungspotential von Magnetfeldbehandlungen:

Zunächst zu Berichten [65], [66] aus dem Bereich der Kernspintomographie, jenem hochempfindlichen, strahlungsfreien »Ersatzverfahren« der Röntgenuntersuchung. Bei diesem Untersuchungsverfahren wird der Patient, durch die Physik des Verfahrens bedingt, hohen Magnetfeldern ausgesetzt, und man interessiert sich natürlich für eventuelle Magnetfeldrisiken. Das magnetische Grundfeld beträgt z. B. etwa $400 \cdot 10^3$ A/m. (Zum Vergleich: Entsprechend 5.3.2 erwarten wir einen starken magnetfeldinduzierten O_2-Effekt z. B. bei $10 \cdot 10^3$ A/m.) Es wird berichtet ([65], [66]), daß im Frequenzbereich von 10 bis 100 Hz vereinzelt Lichtempfindungen auftraten, aber schädliche Auswirkungen nicht beobachtet wurden. Insbesondere wird auch angeführt, daß man bei Technikern, die sich in kernphysikalischen Labors längere Zeit in statischen Magnetfeldern bis zu etwa

$1600 \cdot 10^3$ A/m aufgehalten haben, keine schädlichen Auswirkungen beobachtet hat. Einen ähnlichen Hinweis finden wir für ein starkes Magnetfeld in [67].

Sehen wir nach, was DIN/VDE sagt. Für unmittelbare, d. h. direkte Einwirkungen eines magnetischen Wechselfeldes von beispielsweise 0,4 Hz und 1 Hz (vgl. Diskussion der optimalen Frequenz unter 5.4.3) ergibt sich nach [72] für den »Expositionsbereich 1« – dazu gehören kontrollierte, vom Betreiber (in unserem Falle einem erfahrenen Mediziner) überprüfbare Bereiche – als Grenzwert für die magnetische Feldstärke jeweils ein Effektivwert von $32 \cdot 10^3$ A/m und $21 \cdot 10^3$ A/m, der sich bei Dauerexposition nur der Extremitäten (Hand, Arm, Fuß, Bein) um den Faktor 10 erhöht. Diese Grenzwerte, wie alle anderen für den »Expositionsbereich 1« in [72] angegebenen Grenzwerte im Frequenzbereich 0 Hz bis 30 kHz auch, orientieren sich am Konzept der Vermeidung von Gefährdungen unter Berücksichtigung von Sicherheitszuschlägen.

Die angegebene Vornorm [72] gilt zwar ausdrücklich nicht für Patienten bei einer gewollten medizinischen Anwendung magnetischer Felder – in der Medizin werden, wie wir eben am Beispiel der Kernspintomographie gesehen haben, z. T. außerordentlich hohe magnetische Feldstärken angewandt –, wir sollten aber trotzdem die hier angegebenen Grenzwerte beachten. Dazu gehört auch, daß wir im Falle der Anwendung von Impulsfeldern für hinreichend flache Impulsflanken sorgen (vgl. 5.4.3) und hier sinusförmigen Halbwellen den Vorzug geben.

All dies kann jedoch kein Freibrief sein. Wir müssen vielmehr von einem stets vorhandenen Restgefährdungspotential einer Magnetfeldbehandlung ausgehen. Denn:

- Von (noch) nicht erfaßten Parametern – wie z. B. der Steilheit der Feldimpulsflanken – können Gefährdungen für den Patienten ausgehen,
- vor allem aber können individuelle Eigenschaften von Menschen für deren Gefährdung maßgebend sein.

Ganz sicher ist in Fällen besonderer Empfindlichkeit (vgl. auch [65], [66]) von Personen gegenüber magnetischen Feldern – z. B.: Träger von Herzschrittmachern und anderen Implantaten sowie andere, unter 5.3.2 aufgeführte Fälle – größte Vorsicht geboten und nötigenfalls auf die Anwendung von Magnetfeldern ganz zu verzichten.

Schlußfolgerung:

Jede Magnetfeldbehandlung gehört in die Hand des erfahrenen Mediziners, der bei allen Patienten die individuelle Wirksamkeit und Verträglichkeit dieser Behandlung beobachten und berücksichtigen muß.

Flankierende Maßnahmen

Die grundsätzlichen Möglichkeiten zur Kombination zwischen Magnetfeld mit O_2-Effekt und anderen Methoden haben wir schon mehrfach diskutiert. Darüber hinausgehend können wir als ebenfalls unter Anleitung eines erfahrenen, individuelle Wirksamkeit und Verträglichkeit beachtenden Mediziners durchzuführende –, den Magnetfeldeinsatz flankierende, mögliche Maßnahmen anführen:

- Senkung des Glukosespiegels im Blut.
  Einfach durch kohlenhydratarme oder besser noch kohlenhydratfreie Diät, mindestens innerhalb 24 Stunden vor dem Magnetfeldeinsatz. Dabei muß natürlich auf die individuelle Verträglichkeit einer solchen Diät geachtet werden und vorher der Arzt befragt werden. Er kann auch den Glukosespiegel durch Insulinverabreichung zusätzlich senken.
  Durch die Senkung des Glukosespiegels soll die Energieversorgung eventuell vorhandener Krebszellen gezielt verschlechtert werden. Damit wird ihr stark energieverbrauchendes Wachstum (Teilung) gebremst. Darüber hinaus können wir erwarten, daß beim Fehlen von Glukose Sauerstoff zur Oxidation endogenen Substrats »benutzt« wird (vgl. [52]).

Sauerstoff, den wir dann durch den magnetfeldinduzierten O_2-Effekt reichlich bereitstellen.

Die so geschwächten und vorgeschädigten Krebszellen können von der körpereigenen Abwehr leichter vernichtet werden.

- Verbesserung der Kreislaufsituation.

Vor und während der Magnetfeldanwendung durch körperliche Bewegung, Sauna, Massage. Die Verbesserung der Kreislaufsituation ist günstig, denn wir erinnern uns: Der magnetfeldinduzierte O_2-Effekt besteht in einem »O_2-Abmelken« des Hämoglobins. Die Wirkung wird gesteigert, wenn viel davon herangeschafft wird.

- Einnahmen.

Da ist sicherlich zunächst einmal Vitamin C zu nennen (vgl. [68]). Von dieser Einnahme erwarten wir auch, daß das Vitamin C als ausgeprägtes Antioxidans (vgl. [16]) zusätzlich regulatorisch wirksam wird gegenüber etwaigen mit einer O_2-Behandlung einhergehend entstehenden oxidativen Sauerstoffspezies (vgl. 6.1.2).

Günstig dürfte auch die Einnahme von reichlich Saft der roten Bete mindestens innerhalb der 24 Stunden vor dem Magnetfeldeinsatz sein. Dabei sollte es sich um zuckerfreien Saft handeln, weil wir sonst die Glukosediätvorschrift durchbrechen würden. Es gibt Saft der roten Bete, in dem der Zucker milchsauer vergoren wurde, was sich auch geschmacklich günstig auswirkt.

Der roten Bete wird eine positive Beeinflussung des oxidativen Zellstoffwechsels und mindestens wachstumshemmende Wirkung auf Tumorzellen zugeschrieben (vgl. [69], [70]); besonders bemerkenswert ist in diesem Zusammenhang, daß die rote Bete Allantoin enthält, das die Wundheilung (vgl. 6.2.2) beschleunigt [70].

Wir wollen nicht unerwähnt lassen, daß auch Rotwein eine positive Wirkung hinsichtlich des Krebsgeschehens zugeschrieben werden kann (vgl. [69], [70]). Diesen Hinweis wollen wir aber mit besonderer Vorsicht aufnehmen, vor allem weil es hier offenbar um den regelmäßigen Genuß größerer Mengen gehen dürfte.

Ferner:

Im Arzneimittelhandel sind Medikamente auf Thymusextraktbasis erhältlich. Entsprechend der Rolle des Thymusbereiches bei der Heranbildung von T-Lymphozyten (vgl. 4.3 sowie den eben vorausgegangenen Abschnitt »Körpereigene Abwehr«) können wir von diesen Präparaten eine Stärkung der körpereigenen Abwehr erwarten. Dieser Vorgang braucht seine Zeit, und mit 24 Stunden ist es sicher nicht getan, eher wohl mindestens eine Woche lang vor der Magnetfeldanwendung.

Zu Beginn des vorliegenden Abschnittes über Krebshygiene haben wir davon gesprochen, daß über 80 % der Krebs-Todesfälle infolge Metastasenbildung – durch Entwicklung von Tochtergeschwülsten aus über die Lymphgefäße (vgl. 4.3) verschleppten und die Behandlung überlebt habenden Krebszellen also – eintreten. Unsere ins Auge gefaßte Krebshygiene kann und darf also nicht nur auf die regelmäßige Vernichtung eventuell spontan entstandener Krebszellen – mit den hierbei möglichen Mechanismen haben wir uns eingehend beschäftigt – abzielen: Obwohl sie natürlich mit dem Ziel, Krebsentstehung und damit Bildung von Primärtumoren zu verhindern, unser Hauptinteresse hat, sollte die Krebshygiene auch die Phase nach Krebsbehandlungen einbeziehen, um Krebszellen, die in verhältnismäßig kleiner Zahl – darin entsprechen sie den spontan entstandenen Krebszellen – die Behandlung überlebt haben, zu bekämpfen.

In dieser Phase ist eine Stärkung der körpereigenen Abwehr mit unseren Mitteln der Krebshygiene um so mehr angezeigt, als gerade diese Abwehr, die jetzt besonders gefordert ist, durch die vorausgegangene Krebsbehandlung – wir denken an Bestrahlung und Chemotherapie – stark geschädigt sein kann.

Eine schlagkräftige körpereigene Abwehr ist sicher besonders vonnöten, wenn sich während der Behandlung bei Krebszellen Resistenz gegenüber Cystatica – normalerweise tödliche »Zellgifte« – entwickelt: In feststellbaren Tumoren – im allgemeinen dann schon ungefähr zehn Millimeter groß – gibt es etwa eine Milliarde Krebszellen. Bei einigen wenigen – die Wahrscheinlichkeit hierfür ist an sich gering – dieser Krebszellen treten spontane genetische Mutationen mit der vererbbaren Eigenschaft »Resistenz gegen eine Vielzahl von Cystatica« auf. Sie überleben die Chemotherapie, vermehren sich, in ihrer Zahl exponentiell mit der Zeit anwachsend, und bilden einen neuen, diesmal resistenten und tödlichen Tumor, nachdem der ursprüngliche Tumor – dessen Zellen waren ja in ihrer ganz überwiegenden Zahl nicht gegen Cystatica resistent – zwischenzeitlich verschwunden war (vgl. [71]).

Wir wollen an den Schluß des Abschnittes über die Krebshygiene einen eindrucksvollen Hinweis auf die Schärfe der Sauerstoffwaffe im Kampf gegen kleinere Zellaggregate setzen. Er stammt von *M. v. Ardenne* [12], [13], [14]: Durch die Sauerstoff-Mehrschritt-Therapie war es möglich, mindestens $5 \cdot 10^7$ Krebszellen zu vernichten.

Abschließend wollen wir uns nochmals vergegenwärtigen: Die hier, wie auch in den vorausgegangenen Abschnitten dargelegten Anregungen sind kein Ersatz für Kontrolle und Handeln des Mediziners. Auch angesichts möglicher Magnetfeldbehandlung, die ohnehin in die Hand eines erfahrenen Mediziners gehört und für die das vorliegende Buch lediglich wissenschaftliche Grundlagen aufzuzeigen versucht hat, besteht weiterhin die Notwendigkeit ärztlicher Untersuchungen und Voruntersuchungen, und die Notwendigkeit klassischer, bekanntermaßen medizinisch angezeigter Therapie darf bei allen erkannten Erkrankungen nicht übersehen werden, insbesondere im Falle einer Krebserkrankung.

Zur apparativen Seite der Magnetfeldbehandlung: Sowohl für die Behandlung größerer Körperbereiche als auch zur eher lokalen Anwendung werden vom einschlägigen Fachhandel entsprechende Einheiten angeboten. Wir finden sie bei zahlreichen erfahrenen Medizinern.

7. Literaturverzeichnis

[1] Rüdiger, W.:
Lehrbuch der Physiologie.
VEB Verlag Volk und Gesundheit, Berlin, 1987
[2] Mörike, K. D., E. Betz, W. Mergenthaler:
Biologie des Menschen.
Quelle & Meyer, Heidelberg, 1981
[3] Hamann, A., W. Haschke, H. Krug, G. Leutert, M. Lindemann, L. Zett:
Massage in Bild und Wort.
Gustav Fischer Verlag, Stuttgart, New York, 1983
[4] Hoffa, Gocht, Storck, Lüdke, Storck, U. (Neubearbeitung):
Technik der Massage.
Ferdinand Enke Verlag, Stuttgart, 1985
[5] Schmidt, R. F., G. Thews:
Physiologie des Menschen.
Springer-Verlag, Berlin, Heidelberg, New York, London, Paris, Tokio, 1987
[6] Schmidt, R. F.:
Medizinische Biologie des Menschen.
R. Piper & Co. Verlag, München, Zürich, 1983
[7] D'Ans·Lax:
Taschenbuch für Chemiker und Physiker, Bd. 1.
Springer-Verlag, Berlin, Heidelberg, New York, 1967
[8] Perutz, M. F.:
Struktur des Hämoglobins und Transportvorgänge bei der Atmung.
Spektrum der Wissenschaft 1 (1979) S. 19−34
[9] Antonini, E., M. Brunori:
Hemoglobin and Myoglobin in their Reactions with Legands.

Frontiers of Biology, Vol. 21 (1971), p. 101
North Holland Publishing Company, Amsterdam, London

[10] Drake, E. N., S. J. Gill, M. Downing and C. P. Malone:
The Environmental Dependency of the Reaction of Oxygen with Hemoglobin.
Archives of Biochemistry and Biophysics 100 (1963), p. 26−31

[11] ABC Biologie, 2. Auflage
Verlag Harri Deutsch, Frankfurt/M. und Zürich

[12] Ardenne, M. v.:
Sauerstoff-Mehrschritt-Therapie.
Georg Thieme Verlag, Stuttgart, New York, 1987

[13] Ardenne, M. v.:
Gesundheit durch Sauerstoff-Mehrschritt-Therapie.
Nymphenburger Verlagshandlung GmbH, München, 1985

[14] Ardenne, M. v.:
Wo hilft Sauerstoff-Mehrschritt-Therapie?
BI-Wiss.-Verl. Mannheim, Wien, Zürich, 1989

[15] Jäger, G.:
Sauerstofftherapie.
ECON Taschenbuch Verlag, 1987

[16] Elstner, Erich F.:
Der Sauerstoff: Biochemie, Biologie, Medizin.
BI-Wiss.-Verl. Mannheim, Wien, Zürich, 1990

[17] Warnke, U.:
Grundlagen zu magnetisch induzierten physiologischen Effekten.
Therapiewoche 30 (1980), S. 4609−4616

[18] Kraus, W.:
Magnetfeldtherapie und magnetisch induzierte Elektrostimulation in der Orthopädie.
Orthopädie 13 (1984), S. 78−92

[19] Kraus, W.:
Zur Biophysik der Knochenbruch- u. Wundbehandlung durch funktionelle elektrische und magnetische Potentiale.
Langenbecks Arch. Chir. 337
(Kongreßbericht 1974), S. 625−630

[20] Bergsmann, O.:
Zur Frage der therapeutischen Wirkung magnetischer Felder.
Erfahrungs-Heilkunde 34 (1985), S. 226−230

[21] Mühlbauer, W.:
Der Einfluß magnetischer Felder auf die Wundheilung.
Langenbecks Arch. Chir. 337
(Kongreßbericht 1974), S. 637−642

[22] Kokoschinegg, P.:
Über die Wirksamkeit statischer, magnetischer Felder (Tai-ki Acudot) auf den Menschen.
Dtsch. Zschr. Akup. 6 (1981), S. 135−141

[23] Kokoschinegg, P.:
The Application of Alternating Magnetic Fields in Medicin.
51st symposium of Medical Society of Empiric Therapeutics, Baden-Baden, Germany, 1982; Reports from Institute for Biophysics and Ray-Research, A-1050 Vienna, Austria, IBS-Report No. 12/82/E/Rev. 3, June 1983

[24] Everts, U., H. L. König:
Pulsierende magnetische Felder in ihrer Bedeutung für die Medizin.
Hippokrates 48 (1977), S. 16−37

[25] Bassett, C. A. L.:
Biomedizinische und biophysikalische Wirkung elektromagnetischer Felder.
Orthopädie 13 (1984), S. 64−77

[26] Kraus, W., F. Lechner:
Die Heilung von Pseudoarthrosen und Spontanfrakturen durch strukturbildende elektrodynamische Potentiale.
Münch. Med. Wochenschr. 114 (1972), S. 1814−1820

[27] Kraus, W., F. Lechner:
Heilung im Magnetfeld.
Selecta 45 (1973), S. 4193−4194

[28] Lechner, F.:
Beeinflussung der Knochenbildung durch elektromagnetische Potentiale.
Langenbecks Arch. Chir. 337
(Kongreßbericht 1974), S. 631−635

[29] Täger, K. H.:
Anwendung elektrodynamischer Wechselpotentiale in der operativen und konservativen Orthopädie.
Münch. Med. Wochenschr. 11 (1975), S. 791−798

[30] Kraus, W.:
Therapie des Knochens und des Knorpels mit schwacher, langsam schwingender elektromagnetischer Energie.
Med. Orthop. Techn. 98 (1978), S. 33−43

[31] Lechner, F., R. Ascherl:
Grundlagen und Klinik der elektrodynamischen Feldtherapie bei Knochenheilungsstörungen.
Med. Orthop. Techn. 98 (1978), S. 43−49

[32] Bär, G.:
Erste Erfahrungen über zementfreie Implantation von Gelenktotalendoprothesen unter Verwendung der Magnetfeldbehandlung System Kraus.
Med. Orthop. Techn. 98 (1978), S. 64−66

[33] Täger, K. H.:
Zur Ausheilung von Knochendefekten unter der Therapie mit der elektromagnetischen Feldspule.
Med. Orthop. Techn. 98 (1978), S. 71−76

[34] Schröter, M.:
Die konservative Behandlung von 240 Patienten mit dem Magnetfeld.
Med. Orthop. Techn. 98 (1978), S. 78

[35] Bassett, C. A. L., A. A. Pills, R. J. Pawluk:
Ein nicht operatives Heilverfahren klinisch resistenter Pseudoarthrosen und Knochenspalten durch pulsierende elektromagnetische Felder.
Med. Orthop. Techn. 98 (1978), S. 80−82

[36] Knahr, K., D. Wamura:
Erfahrungen mit der Magnetfeldbehandlung bei verzögerter Knochenheilung und gelockerten Hüfttotalendoprothesen.
Med. Orthop. Techn. 101 (1981), S. 175−180

[37] Gleichmann, O.:
Vortrag anläßlich der Jahrestagung des Forschungskreises für Geobiologie in Eberbach/Neckar, 1974, sowie persönliche Mitteilung; zitiert von König [39]

[38] Gleichmann, O.:
Das pulsierende Magnetfeld und seine Bedeutung bei der Behandlung schwerer Krankheiten.
Wetter, Boden, Mensch (Juli 1975)

[39] König, H. L.:
Unsichtbare Umwelt.
Eigenverlag Herbert L. König, München, in Zusammenarbeit mit
Heinz Moos Verlag München, 1981
[40] Holzapfel, E., P. Crépon, C. Philippe:
Magnet-Therapie.
Verlag Hermann Bauer, Freiburg i. Br., 1984
[41] Kimura, N.:
Universität Kurune.
Notiz in Selecta 48 (1967), S. 3699; zitiert von König [39]
[42] Strohal, R.:
Grundbegriffe der Massage.
Urban & Schwarzenberg, München, Wien, Baltimore, 1981
[43] Zenisek, A., V. Krs, I. Spanlongova, H. Paroulkova:
Parf. u. Kosm. 46 (1965), S. 226; vgl. auch Ruckebusch, V.: Fette,
Seifen, Anstrichm. 65 (1963), S. 228; zitiert von Jellinek [45]
[44] Benedict:
Prakt. Chemie, Festschr. anl. des 11. intern. Kongreß f. Kosme-
tik, Wien 1957, S. 51; zitiert von Jellinek [45]
[45] Jellinek, J. S.:
Kosmetologie.
Dr. Alfred Hüthig Verlag, Heidelberg, 1967
[46] Krokowski, E.:
Programmiert die Tumortherapie auch ihren Mißerfolg?
Strahlentherapie 154 (1978), S. 147; zitiert von v. Ardenne [12]
[47] Watson, J. D.:
Molekularbiologie des Gens.
Inter European Edition, Amsterdam, 1975
[48] Old, L. J.:
Tumorimmunologie.
In: Krebs-Tumoren, Zellen, Gene.
Spektrum der Wissenschaft, Heidelberg, 1987
[49] Ardenne, M. v., J. Elsner, W. Krüger, P. G. Reitnauer, F. Rie-
ger:
Zur Höhe und Bedeutung des effektiven Glukosespiegels in
Tumoren. Ein Beitrag zur Theorie der Krebskrankheit.
Nr. 21 in: Ardenne, M. v.:
Theoretische und experimentelle Grundlagen der Krebs-Mehr-

schritt-Therapie, Teil I. VEB Verlag Volk und Gesundheit, Berlin, 1970; daselbst angegeben ferner in:
Klin. Wschr. 44 (1966), 503

[50] Ardenne, M. v., F. Rieger:
Mathematische in-vivo-Theorie des Gärungsstoffwechsels der Krebsgeschwülste. Die kinetischen Gleichungen der Krebszellenübersäuerung in vivo.
Nr. 23 in: Ardenne, M. v.:
Theoretische und experimentelle Grundlagen der Krebs-Mehrschritt-Therapie, Teil I. VEB Verlag Volk und Gesundheit, Berlin, 1970; daselbst angegeben ferner in:
Z. Naturforschg. 21 b (1966), 472

[51] Burk, D., M. Woods:
Glukose-Gärung und Krebs-Wachstum
Umschau 1966, Heft 15, S. 493−497

[52] Vaupel, P., G. Thews, P. Wendling:
Kritische Sauerstoff- und Glukoseversorgung maligner Tumoren.
Dtsch. med. Wschr. 101 (1976), S. 1810−1816

[53] Weinberg, R. A.:
Molekulare Grundlagen von Krebs.
In: Krebs − Tumoren, Zellen, Gene.
Spektrum der Wissenschaft, Heidelberg, 1987

[54] Warburg, O.:
Über den Stoffwechsel der Tumoren.
Springer Verlag, Berlin, 1926

[55] Warburg, O.:
On the Origin of Cancer Cells.
Science 123 (1956), S. 309−314

[56] Reis, A.:
Biomedizinische Technik.
R. Oldenburg Verlag, München, Wien, 1982

[57] Duve, Ch. de:
Die Zelle. Bd. 1.
Spektrum der Wissenschaft, Heidelberg

[58] Goldblatt, H., G. Cameron:
J. Exptl. Med. 97 (1953), 525; zitiert von Warburg [55]

[59] Folkmann, J.:
Die Gefäßversorgung von Tumoren.

232

In: Krebs – Tumoren, Zellen, Gene.
Spektrum der Wissenschaft, Heidelberg, 1987

[60] Feldmann, A.:
Strahlenexposition u. Strahlenwirkung Teil II: Strahlenwirkungen.
Physik in unserer Zeit 17 (1986), S. 107–120

[61] Fischer und Staudinger, 1980; zitiert von v. Ardenne [12]

[62] Hawker, L. E., A. H. Linton, B. F. Folkes, M. J. Carlile:
Einführung in die Biologie der Mikroorganismen.
Georg Thieme Verlag, Stuttgart, 1966

[63] Sistrom, W. R.:
Die Mikroorganismen.
BLV Bayerischer Landwirtschaftsverlag GmbH, München, Basel, Wien, 1966

[64] Wolf, G.:
Über das Wachstum menschlicher Geschwülste.
Archiv Geschwulstforschung 29 (1967), S. 98; zitiert von v. Ardenne et al. [49]

[65] Habermann, A.:
Kernspin-Tomographie – innere Organdarstellung ohne Strahlenbelastung. Teil 2.
technik heute Nr. 8 (1983), S. 24–31

[66] Devendran, T.:
Diagnose ohne Risiko.
bild der wissenschaft Nr. 11 (1983), S. 95–103

[67] Hentschel, D., J. Vetter:
4-Tesla-Ganzkörpermagnet.
Physik in unserer Zeit 19 (1988), S. 172–176

[68] Pauling, L.:
Linus Pauling's Vitaminprogramm.
C. Bertelsmann Verlag GmbH, München 1990

[69] Ferenczi, S., P. G. Seeger, P. Trüb:
Rote Bete in der Zusatztherapie bei Kranken mit bösartigen Geschwülsten.
3. verbesserte Auflage.
Karl F. Haug Verlag, Heidelberg, 1984

[70] Krug, E.:
Die therapeutische Verwendung der Roten Bete.
Karl F. Haug Verlag, Heidelberg, 1986

[71] Kartner, N., V. Ling:
Vielfach-Resistenz von Krebszellen.
Spektrum der Wissenschaft 5/1989, S. 64−71

[72] Vornorm DIN V VDE 0848 Teil 4 A2:
Sicherheit in elektromagnetischen Feldern
Grenzwerte zum Schutz von Personen im Frequenzbereich von
0 bis 30 kHz. Vorgesehen als Änderung von DIN VDE 0848 Teil
4/10. 89.
Druckmanuskript vorab überlassen von der Berufsgenossenschaft
der Feinmechanik und Elektrotechnik, Köln, Sept. 1992

Notizen

Notizen

Notizen

RAWSCH